품격있는
안전사회

품격있는 안전사회
❸ 사회재난 편 (하)

초판 1쇄 발행 | 2020년 7월 31일

저자 | 송창영
그림 | 문성준
펴낸이 | 최운형
펴낸곳 | 방재센터
등록 | 2013년 4월 10일 (제107-19-70264호)
주소 | 서울 영등포구 경인로 114가길 11-1 방재센터 5층
전화 | 070-7710-2358   팩스 | 02-780-4625
인쇄 | 미래피앤피
편집부 | 양병수 최은기
영업부 | 최은경 정미혜

© 송창영, 2020

ISBN 979-11-970706-3-1 04500
ISBN 979-11-970706-0-0 04500 (세트)

품격있는
안전사회

사회재난 편 하

저자 **송창영 교수**

방재센터

지구상에 인류가 생존하면서부터 인류는 많은 재난을 겪으며 살아왔습니다. 인류가 쌓아 놓은 부와 환경도 끊임없이 닥쳐오는 각종 재난과 전쟁 등으로 인하여 소멸되거나 멸실되었습니다. 인류는 이것들을 재건하거나 사전 대비를 위한 생활을 반복하였다 해도 과언은 아닙니다.

한번 재난이 닥치면 개인은 물론 집단, 지역사회, 나아가 국가까지도 큰 영향을 끼치게 됩니다. 특히 지진, 태풍, 해일, 폭염 등의 자연재해는 매년 반복되고 있습니다. 이를 극복하기 위한 노력과 학습으로 어느 정도의 적응력을 키우기는 하였지만 자연 앞에서 인간은 한없이 연약한 존재에 지나지 않습니다.

우리의 기술이나 문명 등이 부족했던 시대에는 그저 일방적으로 당하기만 하는 숙명적인 삶을 살아왔습니다. 하지만 고대 시대에 이르러 조직적이고 체계적인 국가 차원의 예방 조치가 취해졌고, 재난을 방지하기 위해 많은 노력을 기울였습니다. 중세 시대에 들어와서는 화재에 관한 법률들을 제정하였고 건축물의 배치나 자재 등 다양한 방법을 통해 재난에 대한 대비를 하였습니다. 이처럼 인류는 고대 시대 이전부터 재난을 겪어 왔고, 이는 인류의 문명에 커다란 영향을 끼쳤습니다.

그렇다면 우리가 살아가고 있는 현대사회는 어떨까요?

지금도 마찬가지로 인류는 일상 속에서 안전한 삶을 영유하기에는 너무나 다양한 재난에 노출되어 있습니다. 지구온난화나 세계 각지에서 발생하는 기상이변으로 인하여 집중호우, 쓰나미, 지진 등의 대규모 자연재난뿐만 아니라 폭발, 화재, 환경오염사고, 교통사고 등 다양한 사회재난이 지속적으로 발생하고 있습니다. 이와 같은 다양한 종류의 재난은 심각한 인명 피해와 함께 상상 이상의 사회적 손실을 초래하고 있으며, 이는 한 나라의 경제나 사회 분야에 영향을 줄 만큼 점점 거대화되고 있습니다.

과거 농경사회에서는 주로 자연재난으로 인한 피해를 입었다면, 현대 산업사회와 미래 첨단사회에서는 사회재난이나 복합재난, 그리고 신종재난 등으로 인한 피해로 점차 변화하고 있습니다.

'재난은 왜 지속적으로 반복되고 있는가?'

이 질문이 항상 머릿속을 맴돌고 있습니다. 안전한 생활은 인간이 건강하고 행복한 삶을 누리기 위한 가장 기본 요소입니다.

본서는 남녀노소 누구나 이러한 재난에 대응하기 위하여 *자연재난 편*, *사회재난 편*, *생활안전 편*으로 분류하였고 올바른 지식과 행동 요령을 익혀 우리의 생활 속에서 위험하고 위급한 상황에 처하게 되었을 때 어떻게 대처하고 행동하는가에 초점을 맞추었습니다.

1. 사회재난에 대해 남녀노소 누구나 쉽게 이해할 수 있도록 만화로 표현하였습니다.

2. 사회재난의 여러 가지 상황별 대처 요령 및 관련된 사례를 다양하게 구성하였습니다.

3. 재난 전문가의 쉽고 자세한 설명과 다양한 정보가 있어 가정은 물론 기업과 관공서의 교육 자료로도 활용이 가능합니다.

본서를 집필하는 과정에서 많은 도움을 준 여러 실무자 여러분께 진심 어린 감사를 표하며, 본 서적이 모든 국민들에게 도움을 주는 유익한 참고 자료가 되었으면 하는 바람입니다. 특히 정성을 쏟으며 이 만화를 그려 준 문성준 기획팀장과 (재)한국재난안전기술원 연구진과 함께 기쁨을 공유하고 싶습니다.

끝으로 부족한 아빠의 큰 기쁨이자 미래인 사랑하는 보민, 태호, 지호, 그리고 아내 최운형에게 조그마한 결실이지만 이 책으로 고마움을 전하고 싶습니다.

2020년 5월 (재)한국재난안전기술원 집무실에서 **송창영**

Contents ★ 차례

책 활용법

1. 사회재난의 실태를
만화로 알아봐요!
다양한 재난 상황을
그린 만화를 읽으면서
사회재난을 생생하게
체험해요.

2. 실제 발생한
재난 뉴스를 읽어요!
실제로 일어난
사회재난을 뉴스 기사로
읽으면서 사회재난의
심각성을 깨달아요.

3. 재난 대처 요령을
익혀요!
상황별 대처 요령을
익히고, 위급한 상황이
닥칠 때 유용하게 써
먹어요.

4. 재난 지식을
기억해요!
깊이 있는 지식을 다룬
재난 지식 노트를
읽으면서 사회재난에
대한 과학 지식을
총정리해요.

송박사의
**재난안전
특강**

재난안전
인문학

재난은 오래 전부터 끊임없이 발생했고 과거에 발생한 재난과 그 대처 과정을 통해 현대에는 좀 더 발달된 재난 관리 체계가 만들어졌습니다.

우리나라의 재난 관리에 대해 공부하다 보면 빠지지 않고 등장하는 인물이 있는데요, 바로 이순신 장군입니다.

이순신 장군은 영화나 소설, 드라마 등에 자주 등장하죠. 과연 이순신 장군의 어떠한 점이 우리에게 커다란 매력으로 다가오는 걸까요?

충무공 이순신
(1545. 4. 28 ~ 1598. 12. 16)

조선 중기의 무신으로 1576년 무과에 급제한 후 전라좌도 수군절도사를 거쳐 정헌대부 삼도수군통제사를 지냈다. 임진왜란 때 조선의 삼도수군통제사가 되어 탁월한 전술과 지략으로 일본 수군을 격파했다. 스스로에게 엄격하고 청렴한 생활을 해 선비의 모범이 되었으며 뛰어난 지도력과 해전에서의 연전연승으로 사후 성웅으로 추앙받았다.

임진왜란 당시 조선의 조정은 일본에 대한 상반된 평가 때문에 국론을 모으지 못하는 상황이었습니다. 당연히 전쟁을 대비한 준비도 제대로 할 수 없었겠죠?

조선 조정이 내분을 겪는 사이 일본은 파죽지세로 수도 한양을 향해 진격했고 조선군은 조총으로 무장한 일본군에게 속수무책으로 당할 수밖에 없었습니다.

왜적들은 쳐들어오지 않을 것이옵니다.

앞으로 병화(兵禍)가 있을 것이옵니다.

김성일

황윤길

탕-

탕-

이순신과 임진왜란 3대 대첩

이순신 장군은 일찍이 판옥선과 거북선을 만들어 강한 수군을 양성하기 위한 훈련을 끊임없이 해 왔다. 일본군의 침입 소식을 들은 이순신 장군은 즉시 옥포 앞바다로 출격해 일본 수군을 공격했고 사거리가 긴 함포를 가진 조선 수군은 조총을 가진 일본 수군을 무찔렀다. 첫 해전 승리 후 당포, 당항포, 한산도, 부산포 등지에서 연이어 승리했고, 이순신 장군의 한산도 해전은 김시민의 진주성 전투, 권율의 행주산성 전투와 함께 임진왜란 3대 대첩으로 평가되고 있다.

이순신 장군의 한산도대첩

김시민 장군의 진주대첩

권율 장군의 행주대첩

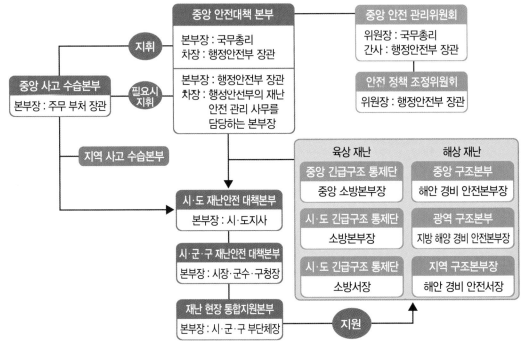

국가 재난안전 관리 체계도

육상 재난	해상 재난
중앙 긴급구조 통제단 중앙 소방본부장	중앙 구조본부 해안 경비 안전본부장
시·도 긴급구조 통제단 소방본부장	광역 구조본부 지방 해양 경비 안전본부장
시·도 긴급구조 통제단 소방서장	지역 구조본부장 해안 경비 안전서장

중앙 안전대책 본부
본부장 : 국무총리
차장 : 행정안전부 장관

본부장 : 행정안전부 장관
차장 : 행성안전부의 재난 안전 관리 사무를 담당하는 본부장

중앙 안전 관리위원회
위원장 : 국무총리
간사 : 행정안전부 장관

안전 정책 조정위원희
위원장 : 행정안전부 장관

중앙 사고 수습본부
본부장 : 주무 부처 장관

지역 사고 수습본부

시·도 재난안전 대책본부
본부장 : 시·도지사

시·군·구 재난안전 대책본부
본부장 : 시장·군수·구청장

재난 현장 통합지원본부
본부장 : 시·군·구 부단체장

지휘 / 필요시 지휘 / 지원

현대 사회는 과거에 비해 복잡하고 다양한 재난이 일어나는 만큼 우리나라의 경우 '재난 및 안전관리 기본법'에 따라 이와 같은 재난 관리 체계를 구축하고 있습니다.

먼저 재난이나 사고가 발생하면 그 심각성이나 중요도에 따라 현장 대응팀이 출동하게 됩니다.

여기서 말하는 현장 대응팀은 지역 소방서와 같은 관할 지역의 초기 대응팀이나 중앙 소방본부, 광역 소방본부와 같은 긴급구조 통제단을 말한답니다.

또 재난 현장 통합지원본부, 지역 재난안전 대책본부에서 중앙 재난안전 대책본부로 이어지는, 재난의 대응과 복구를 총괄·조정하는 기관이 발동되기도 합니다.

물론 재난의 정도가 심할 경우에는 중앙 재난안전 대책본부가 발동되는 경우도 있죠.

그렇다면 재난이 발생하지 않은 평상시에는 재난 관리 체계가 어떻게 돼 있을까요?

평상시에는 '재난 관리 책임 기관'을 지정해 재난 관리 업무를 수행하도록 하고 있는데요, 관련 중앙 행정기관을 '재난 관리 주관 기관'으로 지정해 재난을 비롯한 각종 사고에 대비하고 대응, 복구할 수 있도록 한답니다.

재난 관리 책임 기관	5. '재난 관리 책임 기관'이란 재난 관리 업무를 하는 다음 각 목의 기관을 말한다. 가. 중앙행정기관 및 지방자치단체(「제주특별자치도 설치 및 국제자유도시 조성을 위한 특별법」 제10조 제2항에 따른 행정시를 포함한다.) 나. 지방행정기관 · 공공기관 · 공공단체(공공기관 및 공공단체의 지부 등 지방 조직을 포함한다.) 및 재난 관리의 대상이 되는 중요 시설의 관리 기관 등으로써 대통령령으로 정하는 기관
재난 관리 주관 기관	5의2. '재난 관리 주관 기관'이란 재난이나 그 밖의 각종 사고에 대해 그 유형별로 예방 · 대비 · 대응 및 복구 등의 업무를 주관해 수행하도록 대통령령으로 정하는 관계 중앙행정기관을 말한다.

[재난 및 안전관리 기본법 中]

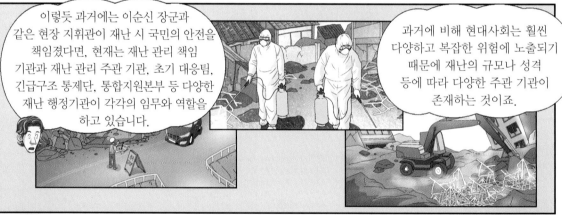

이렇듯 과거에는 이순신 장군과 같은 현장 지휘관이 재난 시 국민의 안전을 책임졌다면, 현재는 재난 관리 책임 기관과 재난 관리 주관 기관, 초기 대응팀, 긴급구조 통제단, 통합지원본부 등 다양한 재난 행정기관이 각각의 임무와 역할을 하고 있습니다.

과거에 비해 현대사회는 훨씬 다양하고 복잡한 위험에 노출되기 때문에 재난의 규모나 성격 등에 따라 다양한 주관 기관이 존재하는 것이죠.

그렇다면 올바른 재난 관리는 재난 대응 기관들만 있으면 되는 걸까요?

그렇지 않습니다.

우리나라는 훌륭한 교통신호 체계와 편리한 도로가 존재하고 있지만 그럼에도 불구하고 여전히 도로 교통사고는 빈번하게 발생하고 있습니다.

각종 재난에서 안전하기 위해서는 재난을 관리하고 대응하는 정부 산하 기관들의 철저한 관리뿐만 아니라 재난에 대한 개개인의 성숙한 인식도 필요합니다.

이번에는 2011년 3월 동일본 대지진 당시 일본의 한 항구 도시에서 있었던 일에 대해 살펴보겠습니다.

지난 2011년 3월 11일 동일본 지역에 발생한 강진과 쓰나미로 일본의 항구 도시 가마이시는 사망자와 실종자가 1,000명을 넘어서는 피해를 입었습니다.

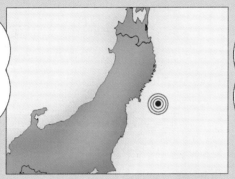

하지만 2004년부터 시 교육위원회가 쓰나미와 지진에 대한 방재 교육을 크게 강화하면서 이 지역의 학교에 다니는 3,000명에 달하는 학생들은 다른 지역에 비해 상대적으로 안전할 수 있었습니다.

동일본 대지진 발생 당시 가마이시 히가시 중학교 학생들은 평소와 같이 운동장에서 야구 연습을 하고 있었다. 예전대로라면 10~20초 뒤에 멈추던 지진이 5분 이상 지속됐고 학교 건물은 금방이라도 무너질 듯 흔들렸다. 평상시 이 학교 학생들은 지진에 대비한 훈련을 지속적으로 해 왔기 때문에 지진 당시 교직원과 학생들은 항상 훈련하던 대로 운동장으로 집결했다.

1차 대피지로 피하라는 소리가 들리자 중학생들은 초등학생의 손을 한 명씩 잡고 고지대인 양로원으로 대피했다. 예상보다 상황이 위급한 것을 파악한 교사는 2차 대피지로 이동하라고 알렸고 학생들은 양로원의 할머니, 할아버지들과 함께 산으로 대피했다. 대피한 지 3분 뒤 쓰나미가 양로원을 덮쳤다.

평소 꾸준히 해 오던 훈련 덕분에 실제로 지진이 발생하자 침착하고 질서 정연하게 대피할 수 있었고 중학생 212명과 초등학생 350명은 무사할 수 있었습니다.

이 사건은 재난 대비 훈련이 얼마나 중요한지 보여 주는 대표적인 사례라고 할 수 있겠죠?

한 나라의 근간을 흔드는 동일본 대지진과 같은 대형 재난의 피해를 입은 일본이 이를 극복할 수 있었던 이유는 국가 차원의 노력 때문만은 아닐 겁니다.

국가와 함께 국민들 역시 재난 피해를 극복하기 위한 노력이 있어야 국민의 안전이 보장되는 것이죠.

오로지 정부의 힘만으로 재난 예방과 대비, 대응과 복구를 하는 것은 현실적으로 한계가 있고 실제로 재난을 직면하는 주체는 국민 개개인이기 때문입니다. 국가는 국민의 안전을 위해 끊임없이 노력하고 동시에 국민도 자기 자신과 가족, 국가를 지키기 위해 노력해야 합니다.

또한 재난으로부터 안전한 국가를 만들기 위해 재난에 대한 이해와 함께 주변 취약 계층을 도울 수 있는 성숙한 의식을 갖는 것도 중요합니다.

안전 취약 계층

재난 발생 시 스스로의 안전을 책임지기 어려운 어린이, 노약자, 장애인, 외국인 등을 의미하며 법령에서는 다음과 같이 정의한다.

※ 안전 취약 계층 : 재난 및 안전관리 기본법 제3조(정의) 9의3에 따르면, '안전 취약 계층'이란 어린이, 노인, 장애인 등 재난에 취약한 사람을 말한다. [2018.1.18 시행]

평소와 다른 상황에 놓이게 되는 재난 현장에서는 평상시에는 전혀 말이 안 된다고 생각했던 행동들에 대해 고민하고 그 행동을 실행에 옮기더라도 죄가 되지 않는 경우도 있습니다.

2005년 허리케인 카트리나가 미국 뉴올리언스를 강타했을 때를 예로 들어보겠습니다.

카트리나 발생 당시 뉴올리언스(New Orleans) 메모리얼 의료센터와 라이프케어 병원 의료진들은 대피가 어려운 환자를 포기하고 병원을 떠나라는 명령을 받았다. 이에 의사 1명과 간호사 2명은 피난할 수 없는 환자 4명에게 모르핀(morphine)과 미다졸람(midazolam)을 치사량으로 투여했다.

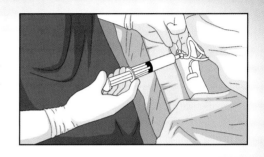

애나 포우(의사) 로리부도 (간호사) 셰릴 랜드리 (간호사)

허리케인이 지나간 뒤 발견된 환자들의 시신을 부검한 결과 주사가 사망 원인이라는 것이 확인됐고 이듬해 9월 의사와 간호사들은 살인 혐의로 체포됐다. 그러나 재난 상황에서의 그들의 행동은 배심원들에 의해 무죄 판결을 받았다.

이 사건은 여전히 많은 생각을 하게 만듭니다. 재난 발생 당시 환자가 고통스러운 죽음에 임박한 상황일 때 안락사가 정당화될 수 있는지 여부가 문제가 되는 것이죠.

뉴올리언스 형사지방법원은 일상적 상황에서 불법인 행위는 재난 상황에서도 불법이기 때문에 살인 기소를 중단하지 않았고 이 소송은 안락사에 대한 기존 책무의 한도를 강화시키는 계기가 됐습니다.

재난 상황에서 어떻게 행동해야 하는지 고민하게 하는 또 하나의 사건이 있습니다.

이 사건은 1972년에 발생한 비행기 추락 사고인데요. 영화 '얼라이브'의 모티브가 되기도 했습니다.

1972년 10월 13일 우루과이 럭비팀을 비롯한 승객을 태운 비행기가 안데스 산맥 근처에 추락했다. 이 추락 사고로 12명이 사망했고 살아남은 33명의 생존자는 영하 30 ℃를 넘나드는 상황에서 추위와 배고픔을 견뎌야 했다. 해발 4000 m가 넘는 안데스 산맥은 부족한 공기 때문에 몇 걸음만 움직여도 숨이 차올랐고 날이 갈수록 사망자는 늘어났다.

생존자들은 라디오에서 구조원들이 밤낮으로 수색하고 있다는 소식을 듣고 살 수 있다는 희망에 차 있었지만, 열흘 뒤 승객 전원이 사망했다고 보고 구조 작업을 종료한다는 내용이 라디오에서 흘러나왔다. 구조의 희망이 사라진 상황에서 생존자들은 결단을 할 수밖에 없었다. 모두 굶어 죽든지, 집단 자살을 하든지, 아니면 인육을 먹는 방법이었다.

선택을 해야 하는 상황에서 생존자들은 종교와 윤리적인 문제로 의견이 엇갈렸지만 결국 시체를 먹고 살아남는 쪽으로 결정하게 됩니다.

생존자들 중 2명은 포기하지 않고 구조 요청을 하기 위해 산을 내려갔다. 산을 내려간 지 10일 뒤 사람을 만났고 1972년 12월 22일 추락한 지 72일 만에 남아 있던 생존자 16명이 구조됐다.

생존자들은 구출이 된 뒤에도 오랫동안 인육을 먹었다는 사실을 숨겼습니다. 그들은 영웅으로 대접받기도 했지만 사실이 세상에 알려지자 여론의 공격을 받기도 했습니다.

생존자들은 다음에 이와 같은 상황이 또 생겨도 살아남기 위해 같은 행동을 하겠다고 말했습니다.

극한 상황에서 그들은 오로지 생존을 목표로 했고 인육을 먹지 않았다면 단 한 명도 살아남지 못했을 겁니다.

그들은 "우리는 숨을 쉬고 있다. 고로 아직도 살아 있다."라는 생각뿐이었습니다. 그만큼 삶은 중요하기 때문이죠.

카트리나가 강타한 뉴올리언스 라이프케어 병원 의료진의 행동과 비행기 추락 사고 생존자들의 행동은 평소라면 절대 용납할 수 없는 끔찍한 행동입니다.

하지만 재난을 마주한 상황에서 생긴 이와 같은 행동을 과연 비난만 해야 하는지는 오랫동안 신중하게 고민해 봐야 할 주제이기도 합니다.

재난 상황에서 정확하고 현명한 판단을 내리는 것은 쉽지 않습니다. 이런 상황에서 지도자들이 보여 주는 용기 있는 결단과 희생정신은 '노블레스 오블리주(Noblesse Oblige)'의 원형이 됐습니다.

이제 노블레스 오블리주를 실천한 사람들에 대해 알아볼까요?

백년전쟁이 한창이던 14세기 프랑스의 도시 칼레는 영국군에게 포위당한 뒤 원병을 기대할 수 없자 결국 항복한다. 칼레의 항복 사절단은 영국의 왕 에드워드 3세에게 자비를 구했으나 에드워드 3세는 반항에 대한 책임을 물어 도시를 대표해 6명이 교수형을 받아야 한다고 말했다.

이 소식을 들은 칼레 시민들은 혼란에 빠졌으나 칼레에서 가장 부자인 '외스타슈 드 생 피에르(Eustache de St Pierre)'가 처형을 자처했고, 이어서 시장과 상인, 법률가 등 귀족들이 이에 동참했다. 에드워드 3세는 임신 중인 여왕의 부탁과 죽음을 자처한 6명의 희생정신에 감동해 그들을 모두 살려 준다.

칼레의 시민 여섯 명이 보여 준 이 행동은 역사가에 의해 기록됐고, 이후 높은 신분에 따른 도덕적 의무를 의미하는 '노블레스 오블리주'의 상징이 됩니다.

높은 신분에 있는 사람들이 보여 주는 노블레스 오블리주의 사례는 영국 이튼칼리지에서도 찾아볼 수 있습니다.

이튼칼리지(Eton College)

영국 잉글랜드 버크셔 주에 설립된 사립 중·고등학교로 1440년에 잉글랜드의 헨리 6세가 설립했다. 영국에서 가장 규모가 크고 유명한 사립 중등학교로써 20여 명의 총리를 비롯해 영국 정치, 문화계의 명사를 많이 배출한 명문 학교.

제1, 2차 세계대전에서 영국 고위층 자제들이 다니는 이튼칼리지 출신 중 2,000여 명이 전쟁 중 전사했습니다.

영국 이튼칼리지의 교훈(노블레스 오블리주)

❶ 남의 약점을 이용하지 마라.
❷ 비굴하지 않은 사람이 되라.
❸ 약자를 깔보지 마라.
❹ 항상 상대방을 배려하라.
❺ 잘난 체하지 마라.
❻ 다만, 공적인 일에는 용기 있게 나서라.

미국 역시 한국전쟁이 발발했을 때 미군 장성의 자손들이 142명이나 참전했고 그 중 35명이 목숨을 잃거나 부상을 당했습니다.

이들은 사회 지도층으로서 도덕적 의무를 가지고 사회에 대한 책임을 다해야 한다고 교육받았습니다. 그리고 교육받은 내용을 행동으로 옮겼기 때문에 국민들에게 존경을 받고 있는 것이죠.

이런 노블레스 오블리주 정신을 실천한 사람은 우리나라에도 있습니다.

노블레스 오블리주

그 분은 바로 일제강점기 2,000여 명의 독립투사를 배출한 신흥무관학교의 설립자 우당 이회영 선생입니다.

우당 이회영(1867. 3. 17 ~ 1932. 11. 17)

대한제국의 교육자, 사상가이자 일제강점기의 독립 운동가. 독립 운동을 위해 모든 유산을 처분, 여섯 형제와 함께 만주로 망명한 뒤 신흥무관학교를 설립했다. 이곳에서 독립군 양성을 비롯해 군자금 모금 활동을 했고 국내외 단체와 연대해 독립 운동에 참여했다.

우당 이회영 선생은 높은 신분과 엄청난 부를 가지고 있었지만 나라가 일본에 침탈당하자 현 시가로 600억 원에 달하는 재산을 처분하고 독립 운동을 하기 위해 만주로 향했습니다.

이회영 선생과 그 일가는 일본 정부의 회유에도 흔들리지 않고 처분한 재산으로 만주에서 3,500명에 달하는 독립군을 길러냈습니다.

그 결과 이회영 선생과 그 가족들은 극심한 가난에 시달렸고 항일 운동 중에 형제 네 명을 잃는 비극을 겪어야만 했습니다.

일본군에 붙잡혀 모진 고문 끝에 숨을 거두는 순간까지도 모든 것을 바쳐 독립 운동을 했던 우당 이회영 선생 역시 노블레스 오블리주를 몸소 실천한 분입니다.

자, 그럼 이제 재난으로 인해 경제적 부분은 어떤 영향을 받는지 알아보겠습니다.

2016년 9월 12일 경주에서 발생한 규모 5.8 수준의 지진을 기억하시나요?

지진이 종종 발생하는 일본이나 중국에 비해 큰 수준은 아니지만 상대적으로 지진으로부터 안전하다고 생각한 우리나라에서 발생한 지진이라서 국민들에게는 큰 걱정으로 다가올 수밖에 없었습니다.

이 지진으로 경주의 불국사 대웅전 지붕과 오릉 담장 기와 일부가 탈락했고 석굴암 진입로에 낙석이 발생했으며 첨성대 꼭대기의 돌이 심하게 기울어지기도 했습니다.

또 울산의 화력발전소에 있는 LNG 복합화력발전 4호기가 가동 중지됐고, 월성원자력발전소 1-4호기도 수동으로 가동 중지됐습니다. 부산의 도시철도 역시 약 5분 정도 정지했습니다.

관람 안내 지진 피해 현황 정밀 조사 중입니다.

이 지진으로 23명의 부상자와 약 6,000여 건의 재산상 피해가 발생된 것으로 파악됐습니다.

경주에서 발생한 지진으로 인한 물리적 피해는 그렇게 크지 않았습니다.

하지만 지진의 진짜 피해는 이런 물리적 피해만 있는 것이 아닙니다.

경주는 오랜 문화유산을 간직한 도시로써 수학여행이나 일반 관광객의 방문으로 경제가 돌아가는 관광도시입니다.

그런데 2016년 9월 12일 발생한 지진으로 9월에서 10월 사이에 예정된 대부분의 수학여행이 취소되면서 지역 경제가 휘청거렸습니다.

우리가 잘 알고 있는 메르스 사태 역시 경주 지진과 유사합니다.

2015년 5월 메르스 첫 확진 환자가 발생한 뒤 11월 25일 종료될 때까지 186명이 확진 판정을 받았고 38명의 사망자가 발생했습니다.

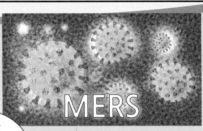

물론 많은 인명 피해를 불러온 재난이었지만 그와 동시에 국내 경제에 심각한 타격을 입혔다는 점도 굉장히 중요합니다.

메르스 감염에 대한 공포로 국민들은 외부 출입이나 모임을 삼가게 됐고 사람이 많이 몰리는 장소를 피했다. 외국인 관광객 역시 한국 방문을 기피하면서 관광산업과 무역산업 등에서 빚어진 경제적 손실은 어마어마했다.

이렇듯 대형 재난은 인명, 재산 피해와 같은 직접적 피해뿐만 아니라 추정하기 어려운 간접 피해도 동반하고 있습니다.

한국경제연구원에 따르면 메르스 첫 환자가 발생한 5월부터 정부가 종결 선언을 한 7월 22일까지 약 2개월이 넘는 기간 동안 국내총생산 손실액은 약 10조 원에 달하는 것으로 추정하고 있다. 메르스 사태는 수출 환경이 어려운 상황에서 해외 투자자에게는 물론 수출 경쟁력에 이르기까지 광범위한 분야에 영향을 미쳤다.

특정 재난이 발생하면 뉴스나 신문에서는 보통 직접적인 피해를 주로 보도합니다. 하지만 몇 년이 지나고 난 뒤 실질적인 피해를 추정해 보면 직접적인 피해보다 간접적인 피해가 더 큰 경우를 쉽게 찾아볼 수 있습니다.

재난으로 발생하는 피해는 바로 측정 가능한 직접적인 피해를 넘어 피해 규모가 더 큰 간접 피해까지도 포함하고 있습니다.

재난을 대비하려면 상당한 비용이 필요합니다. 하지만 경주 지진이나 메르스 사태로 미루어 보아 재난을 대비하고 예방하는 데 드는 비용보다 재난 발생 뒤 복구를 위한 비용이 훨씬 더 크다는 것을 알 수 있습니다.

이번 특강에서는 재난 발생 시 컨트롤타워와 현장 관리의 중요성, 재난 교육과 노블레스 오블리주, 재난으로 인한 경제적 피해 등에 대해 이야기해 봤습니다.

재난 관리의 중요성과 함께 국가와 국민이 각자 맡은 의무와 책임을 다할 때 비로소 재난으로부터 국민의 생명과 재산을 지킬 수 있습니다.

지카바이러스

무엇보다 가장 중요한 것은 재난안전을 대하는 진정성입니다. 진정성을 가지고 재난 발생에 대응하고, 재난 대비 교육 관련 기관에 예산 편성 등을 할 때 제대로 된 재난 관리가 이루어질 것입니다.

① 항공 사고

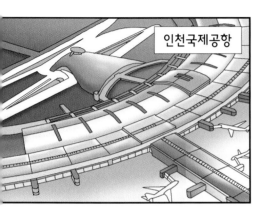

인천국제공항

이륙이 지연되는 것
같구나. 애들아, 여기서
좀 더 기다려야겠다.

아 함

와~ 삼촌,
공항이 정말 넓어요.
사람도 엄청 많고요.

웅성 웅성

그러고 보니 너희들
비행기 타는 게 처음이지?

네, 삼촌. 처음 타는 거라
너무 설레요!

저도요.

참! 안전이도 비행기
타는 건 처음이겠네.

응, 비행기를 책에서 보긴 했는데
직접 타보는 건 처음이라 긴장돼.

그래, 안전이는 비행기가 낯설게 느껴질 수 있겠구나. 그렇지만 너무 긴장할 필요는 없단다.

그래, 안전아! 비행기 타고 얼른 제주도 가서 우리 신나게 놀자!

그래!

비행기처럼 크고 무거운 물체가 하늘 위로 날아다니는 게 너무 신기해요. 혹시 떨어지면 어쩌나 걱정도 되고요.

나도 가끔 그런 상상을 한 적이 있단다. '내가 탄 비행기가 사고 나면 어쩌지?' 하고 말이야.

그런 생각을 하는 건 어쩌면 당연해. 비행기는 비교적 안전한 교통수단이지만, 그렇다고 항공기 사고를 가볍게 생각하면 안 된단다.

하, 항공기 사고요?

하늘을 날던 비행기가 갑자기 땅으로 추락하는 걸 말씀하시는 거예요?

항공기 사고는 단순히 비행기가 추락하는 것만을 의미하는 건 아니야.

항공기 사고(항공법 제2조)

사람이 항공기에 비행을 목적으로 탑승한 때부터 탑승한 모든 사람이 항공기에서 내릴 때까지(무인항공기의 경우는 비행을 목적으로 움직이는 순간부터 비행이 종료돼 발동기가 정지되는 순간까지를 말한다.) 항공기의 운항과 관련해 발생한 다음 각 목의 어느 하나에 해당하는 것을 말한다.

가. 사람의 사망 · 중상 또는 행방불명
나. 항공기의 중대한 손상 · 파손 또는 구조상의 결함
다. 항공기의 위치를 확인할 수 없거나 항공기에 접근이 불가능한 경우

아~ 비행기를 타는 순간부터 내리는 순간까지 일어날 수 있는 모든 사고라고 보면 되겠네요.

그럼 박사님, 자주 발생하는 항공 사고에는 어떤 것들이 있나요?

아! 그래. 항공 사고의 유형과 원인에 대해서 알려 줘야겠구나.

시간이 다 됐는데. 그건 비행기에서 마저 이야기하는 게 어떠니?

와! 벌써 탑승 시간이 됐네요. 얼른 가요, 삼촌!

비행기에서 간식도 주다니. 너무 행복해요!

어휴~ 창피해. 적당히 좀 먹어.

공짜로 주는 건데 뭐 어때? 안 먹을 거면 나 줘!

녀석들, 티격태격하는 건 여전하구나.

박사님, 공항에서 말씀하셨던 항공 사고에 대해 이야기해 주세요.

SAFE

아, 그렇지! 깜빡 잊고 있었네. 자, 그럼 항공 사고 유형에 대해서 먼저 설명해 줄게.

SAFE

너희들 '마의 11분'이라고 들어본 적 있니?

마의 11분이요?

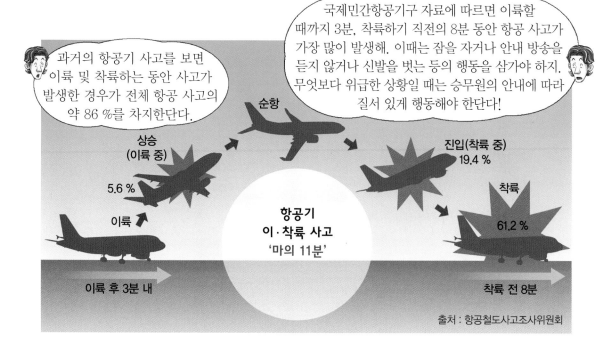

국제민간항공기구 자료에 따르면 이륙할 때까지 3분, 착륙하기 직전의 8분 동안 항공 사고가 가장 많이 발생해. 이때는 잠을 자거나 안내 방송을 듣지 않거나 신발을 벗는 등의 행동을 삼가야 하지. 무엇보다 위급한 상황일 때는 승무원의 안내에 따라 질서 있게 행동해야 한단다!

과거의 항공기 사고를 보면 이륙 및 착륙하는 동안 사고가 발생한 경우가 전체 항공 사고의 약 86 %를 차지한단다.

순항

상승
(이륙 중)

진입(착륙 중)
19.4 %

착륙

5.6 %

이륙

항공기
이·착륙 사고
'마의 11분'

61.2 %

이륙 후 3분 내

착륙 전 8분

출처 : 항공철도사고조사위원회

이륙하고 3분, 착륙 전 8분. 아! 그래서 '마의 11분'이라고 하는 거군요.

그렇지. 그래서 이·착륙할 때 나오는 안내 방송을 잘 듣고 개별적인 행동은 하지 않도록 주의해야 해.

그런데 삼촌, 항공기 사고는 어떤 이유로 발생하는 거예요?

항공 사고의 원인은 조종사 잘못이나 기상 악화, 엔진의 문제 등 크게 열 가지 정도로 나눌 수 있어.

항공 사고 원인

- 조종사 과실
- 아이싱(기체 표면에 얼음이 끼는 현상)
- 악천후
- 항공관제탑의 항공기 유도 실수
- 엔진 결함
- 화물 비행기의 과적

- 정비 과실
- 기체의 구조적 결함 혹은 결함 장비
- 비행기 계기 오류
- 연료탱크 폭발

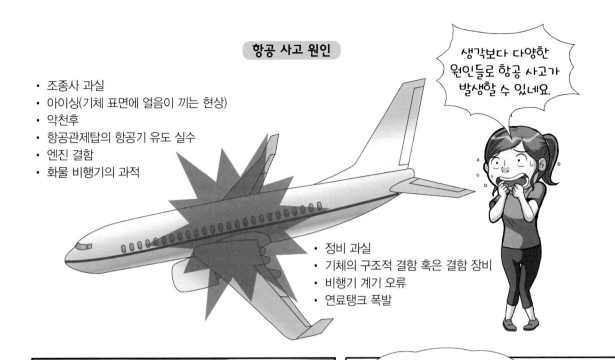

비행기는 양력, 중력, 항력, 추력 이렇게 네 가지 힘이 작용한단다.

이 네 가지 힘이 서로 상호작용을 하면서 균형을 이뤄야 비행기가 하늘을 날 수 있는 거지.

양력

항력

추력

중력

삼촌! 그 네 가지 힘이라는 게 정확히 무슨 뜻이에요?

쉽게 말하면…

비행기에 작용하는 네 가지 힘

양력 : 공기의 차로 물체를 띄우는 힘.

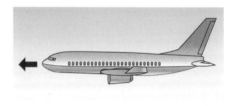

추력 : 앞으로 나아가는 힘.

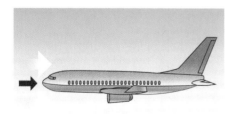

항력 : 앞으로 나아가는 힘을 방해하는 힘.

중력 : 물체를 지구 중심으로 잡아당기는 힘.

아하~ 그렇구나. 그럼 비행기가 뜰 때는 양력이 작용하는 거죠?

그렇지! 제대로 이해했구나! 그럼 이제 비행기가 뜨는 원리에 대해 좀 더 자세하게 설명해 줄게.

비행기가 출발하면서 활주로를 달리게 되면 항공기 날개에 양력이 발생하면서 비행기가 뜨게 돼.

비행기의 날개 위쪽은 곡선으로 돼 있어서 공기 흐름이 빨라지는데, 이때 아래쪽은 압력이 높아지고 위쪽은 압력이 낮아져서 위로 올라가는 힘인 양력이 작용하는 거란다.

상승

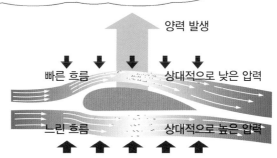

양력 발생
빠른 흐름　상대적으로 낮은 압력
느린 흐름　상대적으로 높은 압력

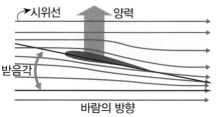

시위선　양력
받음각
바람의 방향

받음각이란?

바람이 부는 방향과 날개의 경사각을 이룬 각도를 받음각이라고 하는데, 이 각도에 따라 양력의 크기가 달라진다.

비행기가 어떤 원리로 뜨는지 알겠어요. 그런데 비행기는 어떻게 하늘 위에서 계속 앞으로 나갈 수 있는 걸까요?

아주 좋은 질문을 해 줬구나. 비행기가 하늘 위에서 앞으로 나가려면 힘이 필요하겠지?

이 힘을 만들어 내는 방법에 따라서 프로펠러기와 제트기로 나눌 수 있어.

프로펠러 비행기

제트엔진 비행기

프로펠러기는 프로펠러를 돌려서 진입하는 공기를 압축한 뒤 비행기 몸체 뒤쪽으로 내보내 그 힘으로 추진하는 것을 말해. 반면 제트기는 가스를 후방으로 내뿜으면서 그 반동으로 발생하는 힘으로 전진하는 것을 말하지.

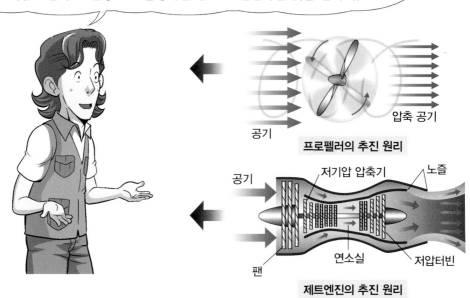

공기

압축 공기

프로펠러의 추진 원리

공기

저기압 압축기

노즐

연소실

저압터빈

팬

제트엔진의 추진 원리

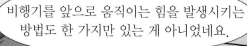

비행기를 앞으로 움직이는 힘을 발생시키는 방법도 한 가지만 있는 게 아니었네요.

삼촌 말씀을 들을수록 하늘을 나는 비행기가 신기하게 느껴져요.

비행기를 탈 때마다 궁금했던 건데요. 비행기는 도로나 철도처럼 알아볼 수 있는 표시가 있는 것도 아닌데 어떻게 길을 잃지 않고 목적지까지 갈 수 있는 거예요?

아! 그건 위도와 경도로 이루어진 좌표, 즉 비행 경로가 있기 때문이야.

비행 경로라면, 웨이포인트(waypoint)를 말씀하시는 건가요?

SAFE

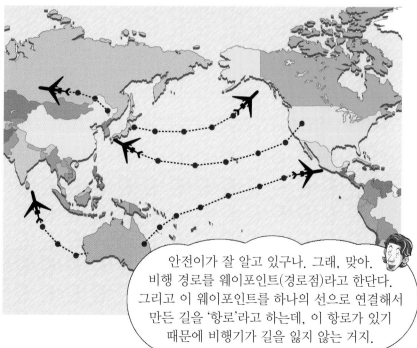

안전이가 잘 알고 있구나. 그래, 맞아. 비행 경로를 웨이포인트(경로점)라고 한단다. 그리고 이 웨이포인트를 하나의 선으로 연결해서 만든 길을 '항로'라고 하는데, 이 항로가 있기 때문에 비행기가 길을 잃지 않는 거지.

아하~ 그럼 항로는 눈에 보이지 않는 하늘 위의 표지판이네요.

그렇지! 그리고 이 항로를 따라 비행기가 날아다니려면 많은 장치들이 필요하단다.

위이이잉

그게 뭔가요?

비행기 조종 시스템에는 각 나라들이 정한 항로가 입력돼 있어. 이 항로에 따라 비행기의 자동 조종 장치와 GPS 등이 작동하면서 원하는 목적지를 찾아가는 거야.

자, 그럼 비행기가 항로를 안전하게 날 수 있게 하는 몇 가지 장치에 대해 알아볼까?

위성항법시스템 GPS(Global Positioning System)

세계 어디서든 정확한 위치와 시간을 알 수 있게 하는 시스템으로 위성에서 보내는 신호를 통해 현재의 위치, 고도, 속도를 계산할 수 있다.

관성항법장치 INS(Inertial Navigation System)

관성항법장치로 기계적 자이로스코프를 이용해 이동 거리를 구하는 장치다. 지상 보조 시설과 항법사가 필요 없지만 이동 거리가 클수록 오차가 커서 GPS랑 같이 사용해야 한다.

관성기준장치 IRS(Inertial Reference System)

빛을 이용한 레이저 자이로스코프로, 여기서 얻어지는 데이터를 통해 항공기의 위치를 결정하는 항법 장치이며 INS보다 오차가 적다.

비행관리컴퓨터 FMC(Flight Management Computer)

조종사의 비행 업무를 도와주는 항공전자 시스템으로 항공기에 탑재된 컴퓨터 장치다. 미리 항로 프로그램을 작성하고 설정된 항공로를 데이터 입력기에 의해 입력되도록 한다.

비행기를 움직이기 위해 많은 장치들이 필요하네요. 새삼 비행기 조종사 분들이 대단하게 느껴져요.

저도요. 텔레비전에서 파일럿을 보면 그냥 멋지다고만 생각했는데 안전하게 비행기를 조종하려면 이런 복잡한 장치들을 다룰 줄 알아야 하는 거였군요.

당연하지. 수백 명의 안전을 책임지고 있기 때문에 이륙에서 비행, 착륙까지 조종사는 항상 비행 상황을 모니터링 해야 한단다.

이상 무!

위이이잉

박사님! 비행기가 항로를 이탈하지 않고 안전하게 운항하는데 필요한 장치들처럼 비행기가 안전하게 착륙할 수 있도록 도와주는 장치들도 있겠죠?

SAFE

물론이지! 비행기 착륙에 필요한 장치는 계기착륙 시설과 레이더 시설이 있어.

계기착륙 시설(ILS, Instrument Landing System)은 활주로 주변에 설치된 통신 전자 무선 항법 장치란다. 항공기에 탑재된 무선 장비와 상호 교신하면서 항공기가 최적의 착륙 지점에 도달할 수 있게 고안된 장치라고 보면 돼.

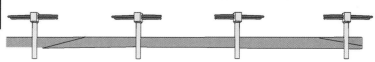

계기착륙 시설에는
크게 세 가지가 있어.

글라이드 패스(GP, Glide path)
활주로에 착륙하는 항공기의 활강
각도 유도.

마커비콘(Marker Beacon)
활주로 중심으로 일정하게 수직으로 전파를
발사하면 착륙하는 항공기가 통과해 위치 정
보 제공.

로컬라이저(LLZ, Localizer)
항공기가 활주로 중심선에 올 수
있도록 좌우 방향을 유도.

아~ 계기착륙 시설은
진입하는 방향, 각도, 거리를
알려 줌으로써 비행기가 무사히
활주로에 착륙할 수 있도록
도와주는 장치군요.

그렇지!
안전이가 제대로
이해했구나.

삼촌, 그럼 레이더 시설은
어떤 방식으로 비행기 착륙에
도움을 주는 거예요?

레이더(PSR/SSR/ARTS)는
비행기의 위치, 고도, 속도 등
착륙에 필요한 정보를 탐지하고
관제사가 확인할 수 있도록
그 결과를 모니터를 통해
보여 준단다.

SAFE

이외에도 항공기 착륙에 사용되는 레이더에는 공항지상감시레이더와 정밀접근레이더가 있단다.

항공기 착륙에 사용되는 레이더의 종류

레이더 시설
(PSR/SSR/ARTS)

항공기의 고도와 속도,
편명 등의 정보 제공.

공항지상감시레이더
(ASDE, Airport Surface
Detection Equipment)

활주로와 유도로,
계류장에 움직이는 항공기
및 차량 등의 정보 제공.

정밀접근레이더
(PAR, Precision
Approach Radar)

항공기가 착륙하는 위치
정보 제공.

와, 비행기가 착륙하는데 이렇게나 많은 장치들이 필요한지 미처 몰랐어요.

삼촌! 그런데 비행기는 어떻게 공항이 있는 곳으로 찾아갈 수 있나요?

전방향 표지 시설이랑 거리 측정 시설이 있어서 찾아갈 수 있지.

박사님, 그건 저도 알고 있어요!

제가 설명해 볼게요.

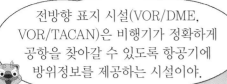
전방향 표지 시설(VOR/DME, VOR/TACAN)은 비행기가 정확하게 공항을 찾아갈 수 있도록 항공기에 방위정보를 제공하는 시설이야.

항공기에 거리 정보를 제공하는 거리 측정 시설, 거리와 방위 정보를 제공하는 전술항행 표지 시설도 있어서 비행기가 공항에 안전하게 올 수 있지.

전방향 표지 시설

거리 측정 시설

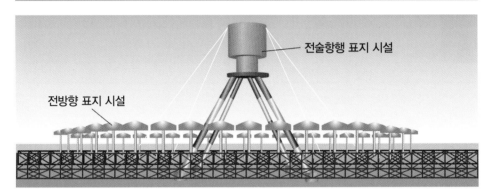
전술항행 표지 시설

전방향 표지 시설

쩝 쩝

우아! 안전이 너 어떻게 그런 걸 다 알고 있는 거야? 대단하다.

헤헤, 오늘 비행기 탄다고 해서 며칠 전에 공부 좀 했지.

헤 헤

SAFE

안전이가 설명을 아주 잘해 줬구나. 안전이가 말한 시설 말고도 착륙 시 발생할 수 있는 위험을 알려 주는 장치가 몇 가지 더 있단다.

최저안전고도경보 (MSAW, Minimum Safe-Altitude Warning)

비행기가 지상에서 150 m(최저안전고도) 아래에서 공항으로 접근했을 때 관제소에 경보를 울리게 하는 장치.

지표근접 경보장치 (GPWS, Ground Proximity Warning System)

지표나 산악 등으로 인한 각종 이상 접근을 조종사에게 경고하는 장치.

이밖에도 공중 충돌 장치를 항공기에 탑재하거나 원활한 통신을 위해 관제와 교신에 필요한 코드를 활용하는 등 항공 사고를 예방하기 위한 방법은 아주 많아.

그런데 삼촌, 항공 사고를 방지하기 위한 다양한 시스템이 있어도 비행기 사고는 일어날 수 있겠죠?

맞아요. 특히 이·착륙 때 사고가 가장 많이 일어난다고 하셨잖아요.

실제로 사고가 난 경우가 있나요?

음, 몇 년 전에 있었던 비행기 사고에 대해 이야기해 줘야겠구나.

2013년 7월 6일, 인천공항을 출발한 아시아나항공 214편이 미국 샌프란시스코 국제공항에 착륙하던 도중에 사고가 발생했다.

사고가 나자 국토교통부는 사고 조사 대책반을 현지에 파견했고, 당시 국토교통부 최정호 항공정책실장이 사고 후속 브리핑을 했다.

아시아나항공 214편 추락 사고

이 사고는 미국 샌프란시스코 국제공항에 착륙하던 아시아나항공기가 착륙 도중 28L 활주로 앞 방파제에 동체 후미가 부딪히면서 발생했다. 당시 조종사들은 시계 접근(Visual approach) 중 부적절한 고도 강하를 했고, 조종간을 잡았던 조종사는 자동 속도 조절 장치의 작동을 중단시켰다.

결국 부적절한 조종 매뉴얼과 조종사의 과실로 이런 사고가 발생한 거군요.

맞아. 조종사들이 항공기 속도를 충분히 모니터링 하지 않았고, 문제가 있다는 걸 파악한 뒤에도 복행(Go around)을 지연시키면서 추락 사고가 일어난 거지.

세상에! 그 큰 비행기가 추락했으니 피해도 엄청났겠어요.

인명 피해가 있었지만, 사고 규모에 비해서는 그 피해가 크지 않았어. 당시 승무원들의 빠른 대처로 승객들이 화재 직전에 모두 탈출해서 안전한 곳으로 대피할 수 있었거든.

아, 피해가 크지 않았다니 다행이에요.

삼촌, 비행기 자체의 결함을 방지하는 것만으로 항공기 사고를 예방할 수 있는 건 아닌 것 같아요.

그래, 맞아. 기계적 결함에 의한 사고를 줄이기 위해 정비하고 점검하는 제도를 개선하는 것도 중요하지만, 사고가 발생했을 때 매뉴얼에 맞게 신속하게 대응하는 것도 중요하단다.

이 비행기는 15분 후 제주공항에 도착할 예정입니다. 승객 여러분께서는 안전벨트를 매 주시기 바랍니다.

이제 곧 제주도에 도착하려나 봐요.

내리기 전에 승무원 누나한테 괴자랑 주스 더 달라고 해야지.

스으

아무리 공짜가 좋아도 착륙할 땐 안전을 위해 얌전히 있어야지!

히리리릭

으악, 어서 풀어!

대한항공 801편 추락 사고

1997년 8월 6일 김포 국제공항을 출발해 괌 아가나 국제공항에 도착하는 대한항공 801편이 추락하는 사고가 발생했다.

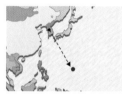

8월 5일 오후 10시 22분 231명의 승객과 23명의 승무원을 태운 801편은 괌에 있는 아가나 국제공항으로 향했다. 비행 도중 난기류가 있었으나 비행기는 2시간 30여 분간 순항했다.

다음날 오전 1시경 801편 부기장은 괌 관제탑과 처음으로 교신했고, 관제탑은 6L 활주로에 착륙하라고 지시했다. 이후 1시 13분 801편은 관제탑에 4만 1,000 피트에서 하강하겠다고 알렸다. 당시 괌은 태풍 티나의 영향권에 있었고 착륙을

아가나 국제공항

사고 지역

위해 하강을 하는 동안 폭우가 시야를 가렸다.

엎친 데 덮친 격으로 공항의 착륙 유도 장치와 최저고도 경보 시스템도 고장이 났다. 충돌 44초 전 조종석 내부에 설치된 저고도 경고 시스템이 수차례 경보음을 냈지만 승무원들은 이를 무시했다.

정상 항로

KAL 801 항로

괌 공항은 활주로 주변에 산이 있어 계단식으로 고도를 낮춰야 했지만 이는 지켜지지 않았고, 뒤늦게 수동으로 고도를

높이려던 시도가 실패로 돌아가면서 비행기는 언덕에 걸려 추락하고 말았다.

이 사고로 승무원을 포함한 탑승객 254명 가운데 229명이 사망하고 25명이 부상을 입는 최

악의 피해가 발생했다. 801편 추락 사고의 원인은 기장의 피로 누적과 조종사들의 실수, 경보 시스템 고장 등으로 보고 있다.

/ 재난뉴스 기자

재난대처방법 항공 사고

비행기 탑승 전후

☐ 국제항공운송협회(IATA)에서 운항, 정비, 보안, 안전 등의 사항을 평가해 통과한 항공사에만 부여하는 IOSA 인증을 확인한다.

☐ 기내 수화물 규정과 규격을 지키고 탑승 후 자신의 좌석에서 가장 가까운 비상구가 어디 있는지 확인한다.

☐ 안전수칙 안내 책자를 읽고 안전교육 방송을 듣는다.

☐ 화재에 취약한 합성소재보다 면과 천연소재의 옷을 입는다.

☐ 비행기에서는 항상 안전벨트를 매고 골반 위에 오도록 한다.

비행기 추락 사고 시

☐ 비행기가 추락하고 있다면, 좌석의 등받이를 세우고 안전벨트를 착용한 후 충격을 대비하기 위해 허리를 허벅지 가까이 숙인다.

☐ 비행기가 어디에 추락할지 미리 예상하고 준비한다. 만약 물에 내린다면 구명조끼를 미리 입고 밖에 탈출하기 전까지는 구명조끼를 부풀리지 말아야 한다.

☐ 좌석 위에서 산소마스크가 내려오면 보호자가 먼저 착용하고 이후 어린아이나 노약자의 마스크 착용을 돕는다.

비행기 추락 후

☐ 비상시 탈출에 필요한 골든타임은 90초이므로 승무원의 안내에 따라 신속하게 대피한다.

☐ 혼란한 상황이므로 일행이 있다면 탈출 후 챙겨야 한다.

☐ 짐을 챙기면 탈출이 늦어지므로 전부 버리고 나온다.

☐ 비행기가 충돌한 장소에서 바람이 부는 방향으로 153 m 이상 대피한다.

☐ 자신이 다쳤는지 살펴보고 필요하면 지혈한다. 또 내상을 악화시킬 수 있으므로 한 곳에 머무른다.

☐ 도움을 구하러 가지 말고 그 자리에서 구조대가 올 때까지 기다린다.

비행기 화재 시

☐ 비행기에 화재가 나면 연기로 인해 방향을 가늠하기 어려우므로 탑승할 때 비상구의 위치를 미리 파악한다.

☐ 연기를 마시면 의식을 잃을 수 있으므로 몸을 최대한 낮춰 연기를 마시지 않도록 한다.

☐ 자신의 좌석에 앉기 전에 화재 발생을 대비해 앞과 뒤로 비상구까지의 좌석수를 손으로 센다.

강이나 바다에 비행기가 추락한 경우

☐ 물에 추락한 경우 비행기 밖으로 탈출한 후에 끈을 잡아 당겨 구명조끼를 부풀린다.

☐ 구명조끼에 바람이 들어가지 않으면 호스에 입을 대고 바람을 불어 넣는다.

☐ 구명조끼의 바람을 빼려면 손으로 호스의 입구를 살짝 누른다.

☐ 탈출 후에는 최대한 비행기로부터 멀리 떨어져서 기체에 휩쓸리지 않도록 한다.

☐ 구명보트를 사용하는 경우, 구명보트가 완전히 펴진 후 물에 뛰어든다.

비상탈출용 슬라이드 사용 시

☐ 날카로운 구두나 하이힐 등은 벗고 슬라이드를 이용한다.

☐ 슬라이드를 탈 때는 자세를 갖춘 뒤 자신 있게 내려오고, 착지 후에는 재빨리 자리를 벗어난다.

재난지식 노트

항공기 반입 금지 물품과 액체류 반입 기준을 기억해요!

비행 과정

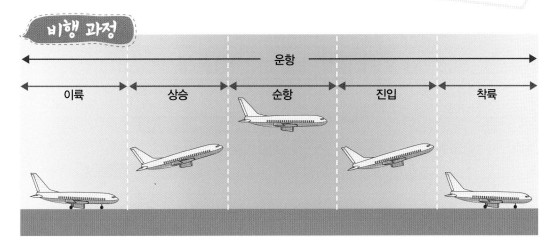

운항

이륙 상승 순항 진입 착륙

❶ **이륙** : 관제탑의 허가를 얻어 활주로 끝까지 간다. 가는 중에 각 장치들에 이상이 없는지 점검한다.

❷ **상승** : 엔진 추력이 높아지면서 양력에 의해 비행기가 상승한다.

❸ **순항** : 상승이 끝나면 수평 비행을 한다.

❹ **진입** : 활주로에 진입하기 위해서는 관제탑의 허가와 유도가 필요하다.

❺ **착륙** : 속도를 줄이고 강하한 항공기는 관제탑의 유도에 따라 활주로에 착륙한다.

비행기록장치(블랙박스)란?

비행기록장치는 각종 운항데이터를 기록해 사고 원인을 규명하는 데 도움을 주는 장치다. 비행자료기록장치(FDR)와 조종실음성기록장치(CVR)로 나뉜다.

❶ 비행자료기록장치(FDR)는 고도, 속도, 기수의 방위, 경과 시간, 엔진 상태, 비행기 자세 등의 데이터가 기록돼 있다. 큰 충격과 수심 약 100 m 압력, 1300 ℃의 고온에서도 견딜 수 있다. 또 쉽게 발견되도록 오렌지색을 띠고 있다.

❷ 조종실음성기록장치(CVR)는 조종실 승무원들의 대화나 관제사와의 교신 내용, 기타 항공기에서 작동하는 소리나 경고음 등을 녹음하고 저장하는 장치다.

블랙박스

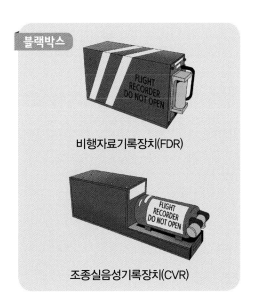

비행자료기록장치(FDR)

조종실음성기록장치(CVR)

항공기 반입 금지 물품 ☆ 꼭 기억하자!

「항공안전 및 보안에 관한 법률」제44조에 따라 금지 물품을 항공기로 반입하는 경우, 2년 이상 5년 이하의 징역에 처하게 된다. 아래의 기준은 우리나라 공항에서 적용되는 기준이고, 외국으로 나갈 경우에는 항공사 또는 여행사로 문의해 해당 국가의 추가 금지 물품이 있는지 확인해야 한다.

(1) 폭발성 · 인화성 · 유독성 물질 (객실 – 반입 금지, 위탁수하물 – 반입 금지)

폭발물류

화약류, 폭죽, 다이너마이트, 수류탄, 연막탄, 조명탄, 지뢰, 뇌관, 신관, 도화선, 발파캡 등 폭발 장치.

방사성 · 전염성 · 독성 물질

하수구 청소재제, 독극물, 염소, 표백제, 산화제, 수은 및 의료용 · 상업용 방사성 동위원소, 전염성 · 생물학적 위험 물질 등.

인화성 물질

성냥, 라이터, 부탄가스, 인화성 가스, 휘발유 · 페인트, 인화성 액체, 70 % 이상의 알코올성 음료 등은 반입 불가지만 소형 안전성냥 및 휴대용 라이터는 각 1개에 한해 객실 반입 가능.

기타 위험 물질

소화기, 최루가스, 드라이아이스 등은 반입 불가지만 드라이아이스는 1인당 2.5 kg에 한해 이산화탄소 배출이 용이하도록 안전하게 포장된 경우 항공사 승인 하에 반입 가능.

(2) 무기로 사용될 수 있는 물품 (객실 - 반입 금지, 위탁수하물 - 반입 허용)

창·도검류

접이식칼, 과도, 커터칼, 면도칼, 표창, 작살, 다트 등은 반입 불가지만 안전 면도날, 일반 휴대용 면도기, 전기 면도기 등은 객실 반입 가능.

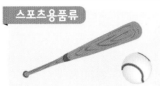

스포츠용품류

야구배트, 하키스틱, 골프채, 빙상용 스케이트, 아령, 볼링공 등은 반입 불가지만 테니스라켓 등 라켓류, 인라인스케이트, 스케이트보드, 등산용 스틱, 야구공 등 공기가 주입되지 않은 것은 객실 반입 가능.

총기류

모든 총기 및 총기 부품, 총알, 장난감총, 전자 충격기 등은 반입 불가지만 항공사에 총기류에 대한 소지 허가서 등을 확인시키고 총알과 분리하면 위탁 가능.

무술호신용품

공격용 격투무기, 경찰봉, 쌍절곤, 수갑, 호신용 스프레이 등은 반입 불가. 단, 호신용 스프레이는 1인당 1개(100 ㎖ 이하)만 위탁 가능.

공구류

망치, 도끼, 톱, 송곳, 드릴과 날 길이 6 ㎝를 초과하는 가위, 스크루드라이버, 드릴심류 및 총길이 10 ㎝를 초과하는 렌치, 스패너, 펜치류 그리고 가축몰이 봉 등은 객실 반입 불가.

국제선 객실 내 액체류 반입 기준 ☆ 꼭 기억하자!

[출처 : 국토교통부]

국제선 항공기는 객실 내에 분무, 액체, 겔류 등의 반입이 엄격하게 금지되므로 소지한 물품이 허용 기준에 적합한지 미리 확인해야 한다.

1 ℓ   1 ℓ 초과   100 ㎖ 용량 초과

❶ 음료 또는 물, 화장품, 식품 등과 액체, 분무(스프레이), 겔류(젤 또는 크림)로 된 물품은 100 ㎖ 이하의 개별 용기에 담아, 1인당 1 ℓ 투명 비닐 지퍼백 1개에 한해 반입이 가능하다.

❷ 유아식 및 의약품 등은 항공기 비행 중 필요한 용량만 반입을 허용하지만 의약품 등은 처방전과 같은 증빙서류를 검색요원에게 제시해야 한다.

② 철도 사고

아까부터 계속 하품하는 걸 보니 어제 잠을 못 잤나 보구나.

네, 삼촌. 오늘 놀러간다고 해서 마음이 들떴는지 잠이 안 오더라고요.

그랬구나. 그럼 가는 동안 기차에서 잠깐 눈 좀 붙여.

그래야겠어. 안전아, 도착하면 나 좀 깨워 줘.

아우, 깜짝이야! 이게 무슨 소리지?

하하

드르렁

쿨

드르렁

뒷자리에 탄 아저씨가 코 골면서 주무시는데? 잠자긴 글렀구나.

안전아, 아까부터 뭘 그렇게 열심히 보고 있니?

스윽

SAFE

아, 오늘 기차 타고 여행 간다고 해서 기차와 관련된 책을 가져왔어요.

여기까지 와서 공부라니! 안전아, 지겹지도 않니?

하하, 아직 모르는 게 많아서 하나씩 알아가는 게 너무 재밌어.

SAFE

동생아! 너도 하나씩 알아가는 즐거움을 좀 느꼈으면 좋겠구나.

히

히

어엇! 뭐지?
설마 사고 난 건가?

기차가 선로를 바꾸면서
잠깐 흔들린 것 같구나.
안심하렴.

후유, 저는 또 사고가
난 줄 알고 긴장했어요.

책에서 철도 사고에 대한
부분을 읽던 중이었는데, 사고가
아니라니 다행이에요.

삼촌, 코고는 아저씨 덕분에
잠자긴 틀린 것 같으니 가는 동안
철도 사고에 대해 설명해 주세요.

어머나, 웬일로 먼저
공부를 하겠다고 나설까?

하나씩 알아가는
즐거움을 느껴 보라며!

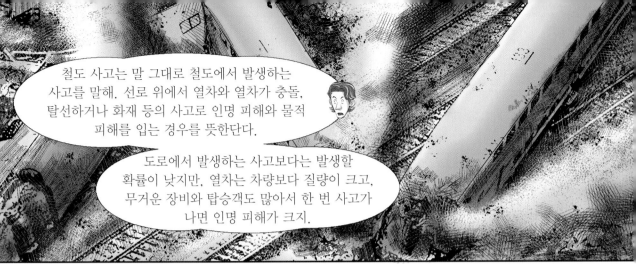

철도 사고는 말 그대로 철도에서 발생하는 사고를 말해. 선로 위에서 열차와 열차가 충돌, 탈선하거나 화재 등의 사고로 인명 피해와 물적 피해를 입는 경우를 뜻한단다.

도로에서 발생하는 사고보다는 발생할 확률이 낮지만, 열차는 차량보다 질량이 크고, 무거운 장비와 탑승객도 많아서 한 번 사고가 나면 인명 피해가 크지.

아, 그렇군요. 그러고 보니 뉴스를 보면 도로 교통사고 소식은 자주 접하는데 열차 사고는 별로 들어본 적이 없는 것 같아요.

그래, 맞아. 자, 그럼 철도 사고에 대해 자세하게 설명하기 전에 몇 가지 퀴즈를 내 볼까?

너희들, 철도 레일이 I자형인 이유를 알고 있니?

음, 기차를 자주 타긴 했어도 레일 모양에 대해서는 생각해 본 적이 없는 것 같아요.

저도요. 레일 모양이 의미 없이 I자형으로 만들어진 건 아닐 텐데….

철도의 레일은 차량의 무게를 지지해서 *침목과 *도상에 고르게 분포시키는 역할을 한다. 뿐만 아니라 차륜이 탈선하지 않도록 안내하는 매우 중요한 부분이라고 할 수 있지.

레일 종류도 여러 개가 있어. 레일의 크기는 1 m 당 중량(kg)으로 표시하고 30 kg, 50 kg, 60 kg 레일을 우리나라에서 주로 사용하는데 경부 본선용 레일은 50 kg, 터널과 같은 취약 구간은 60 kg 레일을 기본으로 사용한다.

*침목(枕木) 철도에서 열차가 다니는 레일을 지지하는 막대.

*도상(道床) 철도 따위의 궤도에서, 노반과 침목 사이에 자갈 따위를 깔아 놓은 바닥.

레일 침목 도상 노반

궤도의 구성 요소(자갈궤도)

사용처	분기기제작	수도권전철, 장대교량	본선, 주요측선	측선
종류	70 kg 148 mm	60 kg 174 mm	50 kg 153 mm	37 kg 122 mm

레일 종류 및 사용처

[출처 : 한국철도기술연구원]

기차라는 아주 큰 힘이 레일을 위에서부터 누르게 되면 레일의 가장 윗면과 가장 밑 바닥면은 큰 힘을 받겠지? 반대로 레일 중간 부분은 힘을 가장 덜 받기 때문에 레일로써의 역할을 하지 않는 거나 마찬가지란다.

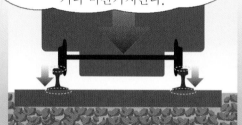

아하! 그럼 역할을 거의 하지 못하는 레일의 중간 부분은 필요가 없으니까 떼어낸 거군요?

그렇지! 재료도 아끼고 놀고 있는 레일 중간 부분을 파내고 나니 I자 형태의 레일이 된 거야.

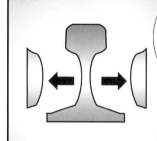

우아, 레일 모양에 이런 의미가 있는 줄 몰랐어요. 삼촌, 다른 퀴즈도 내 주세요!

그럴까? 음, 전차선은 왜 일직선이 아니고 지그재그로 설치되어 있는지 알고 있니?

지그재그 모양의 전차선

철도 차량 등에 전기를 공급하기 위해 집전장치 중 하나인 팬터그래프와 직접 접촉하는 전차선은 팬터 그래프와 일정 부위에만 계속 접촉하면 팬터그래프 집전판이 한 부분만 마모되기 쉽다. 이를 방지하기 위해 전차선을 지그재그로 만들어 집전판이 골고루 마모되게 하는 것이다.

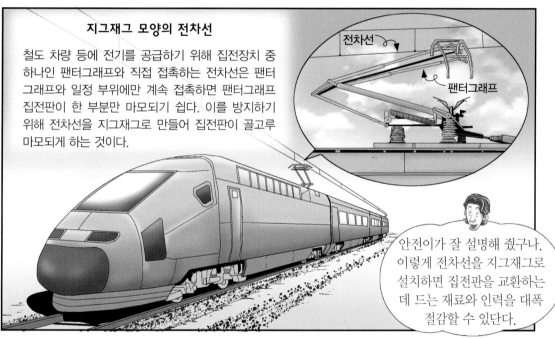

안전이가 잘 설명해 줬구나. 이렇게 전차선을 지그재그로 설치하면 집전판을 교환하는 데 드는 재료와 인력을 대폭 절감할 수 있단다.

철도 사고는 크게 탈선·전복·추락, 충돌·추돌, 화재 등으로 나눌 수 있단다.

먼저 탈선·전복·추락 사고부터 설명해 줄게.

탈선 사고에서 단순히 대차가 빠지는 경우는 피해가 크지 않아. 하지만 탈선 이후 생길 수 있는 충돌이나 추락 사고로 큰 피해가 발생할 수 있지.

열차의 객실에는 안전벨트와 같은 별도의 안전장치가 없고, 탑승자 보호를 위한 객차 설계도 없기 때문에 전복이나 추락으로 인해 객차에 가해진 충격이 그대로 탑승객에게 전달되는 경우가 많단다.

아, 열차가 탈선한 뒤에 생길 수 있는 2차 사고들이 자칫 큰 인명 피해로 이어질 수 있는 거군요.

저는 열차 사고도 도로 교통사고처럼 차들이 부딪히는 건 줄 알았는데 그게 아니었네요.

물론 열차도 도로 교통사고처럼 충돌과 추돌 등의 사고가 발생할 수 있어.

열차 간 충돌

마주 보는 두 열차가 서로 정면으로 부딪히는 사고.

열차 간 추돌

빠르게 주행 중인 후속 열차가 멈춰 있거나 천천히 가는 앞선 열차를 뒤에서 들이받는 사고.

그 외의 충돌

건널목에 있는 자동차 혹은 건널목을 건너는 사람과 부딪히는 등 열차가 다른 물체와 부딪히는 사고.

무섭고 몸집도 큰 열차끼리 부딪히면 그 충격이 정말 크겠는데요?

맞아. 특히 어떤 형태의 사고든 열차의 속도가 빠른 상태에서 사고가 발생하면 대형 참사로 이어진단다.

음…. 그런데 삼촌, 열차 사고로 인한 화재는 좀 생소한 것 같아요.

그렇지? 사실 우리나라 열차 사고에서 화재 사고는 그렇게 많지 않아. 그래서인지 2000년이 지나서도 객차 내 화재 사고에 대한 대비책이 미비했지.

그러다 2003년 발생한 대구지하철 참사로 큰 인명 피해가 발생하면서 열차와 역시설이 화재에 취약함을 인지하고 이에 대비하기 시작했단다.

대인 사고 유형

철도 무단횡단

철도 건널목 사고

승강장 추락 사고 및 투신

선로 작업 중 사고

감전 사고

그럼 사람이 피해를 입는 철도 사고에는 어떤 게 있나요?

철도 사고에서 발생하는 대인 사고도 여러 가지 유형이 있어.

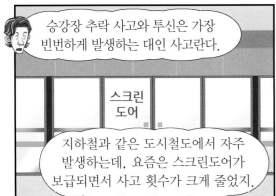

승강장 추락 사고와 투신은 가장 빈번하게 발생하는 대인 사고란다.

스크린 도어

지하철과 같은 도시철도에서 자주 발생하는데, 요즘은 스크린도어가 보급되면서 사고 횟수가 크게 줄었지.

그런데 박사님, 열차 사고에서 감전 사고도 발생할 수 있나요?

자주 발생하는 사고는 아니지만 감전으로 인한 사고도 조심해야 돼.

전차선에는 엄청난 양의 전류가 흐르고 있단다. 선로에 잘못 내려갔다 급전 선로를 밟으면 목숨을 잃을 수도 있지.

지지직

호기심으로 열차 지붕이나 열차 밑으로 들어가는 행동도 절대 하면 안 된단다.

책에서 보니까 철도는 가장 안전한 교통수단 중 하나라고 하던데, 그럼에도 불구하고 사고가 발생하는군요.

물론이야. 아무리 조심한다고 해도 사소한 부분을 놓치거나 안전수칙을 소홀히 하면 사고는 언제든 발생할 수 있지.

1998년 독일에서 발생한 최악의 철도 사고에 대해 이야기해 줘야겠구나.

독일 에세데 참사(Eschede train disaster)

1998년 발생한 독일 철도 사고는 빠르게 달리던 고속열차가 탈선하면서 발생했다. 이 사고로 101명이 사망하고 88명이 중상을 입었다. 이 사고는 열차 바퀴 상태에 대한 점검 소홀과 정비 불량 등 안전 불감증이 가져온 참사였다.

아, 역시 순간의 방심이 큰 화를 불러오는 것 같아요.

삼촌! 우리나라에서 발생한 대형 열차 사고도 있나요?

그럼, 있지. 우리나라에서는 1993년 부산 구포역에서 아주 큰 열차 전복 사고가 발생했단다.

당시 85 ㎞/h로 달리던 무궁화호 열차가 선로의 지반 침식을 발견하고 급제동을 했지만 열차는 탈선했어.

사고는 한 건설업체의 임의 발파 작업으로 인한 지반 약화가 원인이었지. 결국 이 사고로 78명이 사망하고 198명이 다쳤단다.

아, 안타까운 사고가 우리나라에도 있었네요.

삼촌 말씀을 듣고 보니, 철도 사고는 다양한 원인으로 발생하는 것 같아요.

맞아. 차량 원인, 인적 요인, 시설 요인 등 다양한 이유로 크고 작은 철도 사고들이 발생하고 있단다.

작은 결함이나 사소한 실수가 순식간에 큰 재난으로 이어질 수 있다는 점을 명심해야겠어요.

삼촌이 설명한 보람이 있는걸!

안전은 아무리 강조해도 지나치지 않다는 점 꼭 기억하렴.

삼촌! 철도 사고에 대해 설명해 주시면서 객차 안에는 안전벨트가 없다고 하셨잖아요. 왜 열차에는 안전벨트가 없는 거예요?

어! 그리고 보니 안전벨트가 없네.

두리번
두리번

오! 아주 좋은 질문이구나. 그 이유는 바로 작은 *마찰력 때문이야.

마찰력 때문이라고요?

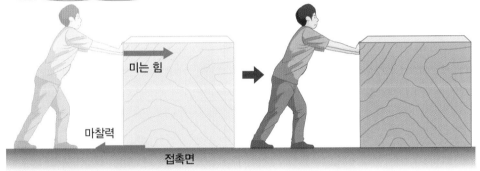

미는 힘

마찰력

접촉면

***마찰력** 물체가 어떤 면과 접촉하거나 혹은 두 물체가 접촉하면서 운동을 할 때 그 물체의 운동을 방해하는 힘.

쇠로 만들어진 열차 바퀴가 쇠로 만들어진 레일 위를 달린다는 건 알고 있지?

쇠나 철은 다른 물질에 비해 *마찰계수가 낮아서 마찰력이 작기 때문에 열차가 급출발, 급제동을 하더라도 자동차처럼 급하게 움직이지 못해.

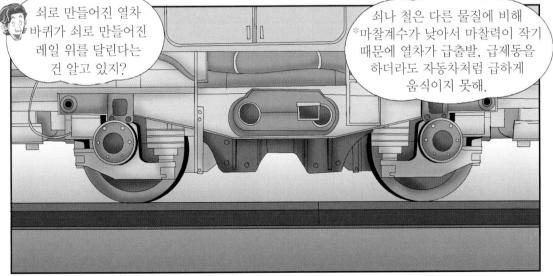

***마찰계수** 맞닿은 두 물체의 표면 사이에 생기는 마찰의 정도.

아, 맞아요. 지금 타고 있는 이 기차도 출발할 때 천천히 움직였어요.

정말이네요. 자동차가 급하게 출발하거나 정지할 때 몸이 뒤로 젖혀지거나 앞으로 쏠렸던 것 같은데 기차는 그런 현상이 없었어요.

그렇지? 열차는 마찰력이 작기 때문에 아무리 빨리 출발하고 싶어도 자동차처럼 빠르게 갈 수 없단다.

나보다 느리네!

급하게 출발하려고 하면 되레 제자리에서 바퀴가 헛돌아 버리고, 급하게 멈추면 바퀴가 정지된 채 그대로 레일 위를 미끄러져 가 버리지.

어, 멈춰!

아하~ 그럼 기차의 작은 마찰력 때문에 객차 안에 안전벨트가 없어도 되는 거군요?

그렇지! 기차는 자동차에 비해 상대적으로 가속과 정지가 완만하기 때문에 안전벨트가 없단다.

그런데 삼촌, 원래 안전벨트는 충돌했을 때 받는 충격을 줄이기 위해 필요한 거잖아요. 기차도 충돌 사고가 발생할 수 있으니 안전벨트가 필요하지 않을까요?

음, 그래. 안전벨트가 없는 이유를 좀 더 자세히 말해 줄게.

열차에 안전벨트가 없는 이유

안전벨트는 충돌로 인해 사람이 튕겨져 나가는 것을 방지하기 위해 필요하다. 그러나 철도는 특수한 경우를 제외하고, 일반적으로 운행하는 경우 열차 간 충돌 가능성이 희박하다. 정밀한 신호 시스템과 열차 안에 설치된 각종 안전장치, 기관사와 관제사의 감시 등을 통해 사고 발생 가능성을 현저히 낮출 수 있기 때문이다. 따라서 안전벨트를 따로 설치하지 않는 것이다.

그렇구나. 기차에서는 안전벨트를 설치하는 게 오히려 비효율적일 수 있겠네요.

그렇지. 안전을 위해서는 근본적으로 철도 신호 시스템을 개선하고 점검 방법을 보완하는 게 더 낫다고 볼 수 있단다.

뿌아앙

으윽, 귀가 먹먹해.

삼촌, 터널을 통과할 때마다 귀에서 윙~ 하는 소리가 나고 먹먹해지던데, 그 이유가 뭐예요?

아, 그건 내가 알려 줄게.

빠른 속도로 열차가 달리기 시작하면 차체 주위의 공기 흐름이 빨라지면서 압력이 낮아져. 이때 차체의 틈새로 상대적으로 압력이 높은 내부의 공기가 밖으로 빠져나가면서 차 내부의 공기 압력과 밀도가 떨어지게 되지.

터널을 통과할 때 발생하는 갑작스러운 압력의 변화로 사람의 고막 안팎의 공기 압력이 달라지면서 이명 현상이 나타나게 되는 거야.

내부 공기

낮은 압력

내부 공기

낮은 압력

아하! 터널을 지날 때 이명 현상이 발생하는 거였구나.

역시 안전이는 똑똑해!

이 열차는 잠시 후 부산역에 도착합니다.

곧 도착하려나 봐요.

어! 내리기 전에 얼른 화장실 다녀와야겠다.

잠시 후.

아~, 시원~하다.

으이그! 그런 건 굳이 말 안 해도 되거든.

맞다! 박사님, 열차 안에도 화장실이 있잖아요. 오물 처리는 대체 어떻게 하는 건가요?

열차 내 오물 처리 방법

아~ 그래. 집에 있는 화장실처럼 사용할 수 있어서 신기하지?

화장실 사용 후 물을 내릴 때 페달을 밟으면 스프링의 힘으로 밸브 중심 몸체가 내려가면서 공기 통로가 만들어진다. 오물 저장탱크에서 필터 구멍을 통해 미리 걸러진 깨끗한 물이 공기 펌프 막판이 밀려들어오는 공기 힘으로 내려가면서 펌프 안에 있는 물이 올라와 변기를 씻어 내린다. 밟았던 페달을 떼면 스프링 힘에 의해 밸브 중심 몸체가 다시 올라와 공기의 배출 통로가 만들어지고, 펌프 안의 공기가 배출되면서 펌프의 막판이 다시 올라온다. 그러면 오물 저장탱크에서 다시 필터 구멍을 통해 깨끗한 물이 채워진다.

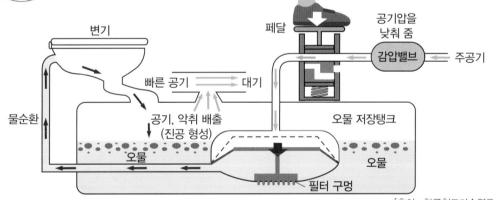

[출처 : 한국철도기술연구원]

별 생각 없이 화장실을 사용했는데, 이런 방법으로 처리가 되고 있었군요.

열차에 대해 배우다 보니 시간 가는 줄 모르겠어요.

드디어 도착했어요.

목적지까지 가는 버스는 30분 후에 오니까 여기서 기다리는 게 좋겠다.

터널이 왜 그렇게 긴 거야! 아직도 귀가 먹먹하네.

삼촌, 우리나라에서 가장 긴 터널은 어디인가요?

우리나라에서 가장 긴 터널이자 세계에서 세 번째로 긴 터널이 있지!

세계에서 세 번째로 긴 터널이 우리나라에 있어요?

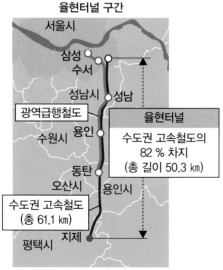

율현터널 구간

서울시
삼성
수서
성남시   성남
광역급행철도
수원시   용인
동탄
오산시   용인시
수도권 고속철도
(총 61.1 km)
평택시   지제

율현터널
수도권 고속철도의
82 % 차지
(총 길이 50.3 km)

[출처 : 국토교통부]

그래, 바로 율현터널이란다!

율현터널

서울특별시 강남구 광평로에 있는 SRT 수서역에서 경기도 평택시 지제역 까지 이어지는 터널. 깊이 50 m, 길이 50.3 km로 우리나라에서 가장 긴 터널이다. 이 터널은 공사를 개시하고 3년 5개월 만인 2015년 6월 23일 관통됐으며, 스위스의 고트하르트 베이스 터널(57 km), 일본 세이칸 터널(53.9 km)에 이어 세계에서 세 번째로 긴 터널이다.(2017년 현재)

재난뉴스

대구지하철 참사

2003년 2월 18일 오전 9시 53분, 대구 도시철도 1호선 중앙로역에서 화재가 발생했다.

당시 대곡역에서 안심역 방향으로 운행하던 제1079호 전동차에 탑승하고 있던 김모씨(남, 56세)는 중앙로역에 전동차가 정차할 무렵 페트병 2개에 나눠 담은 휘발유에 라이터 불을 붙였다.

당시 주위에 있던 승객들은 방화범의 행동에 위험을 감지하고 이를 제지했음에도 불구하고 방화범은 불이 붙은 페트병을 그대로 차 안으로 내던졌다.

순간 '펑' 하는 소리와 함께 방화범의 옷과 주위 좌석에 불이 붙으면서 불은 걷잡을 수 없이 커졌다. 이 화재로 1079호 전동차를 비롯해 반대편으로 진입한 1080호 전동차가 전소됐고, 사망 192명, 부상 148명 등 총 340명의 사상자가 발생했다.

이 화재의 원인으로 몇 가지 안전관리 상의 문제점이 지적됐다. 첫째, 방화범의 행동을 적극적으로 제지하지 못했다. 둘째, 화재 발생 신고를 받고도 이를 대수롭지 않게 여긴 사령실의 안이한 지시로 확인 시간이 상당히 소비됐다. 셋째, 소방서는 신고를 받은 이후 현장에 대한 제대로 된 경위 파악을 하지 못한 채 출동하는 바람에 제대로 화재 진압이 되지 못했다. 넷째, 객차가 화재에 취약한 가연성 재질로 구성됐다.

결국 대구지하철 참사는 초기 대응의 미흡, 지하철공사의 안전 관리 시스템 부재, 낙후된 소방 기술, 사고 관리 시스템 부재, 부실한 사회 안전망과 질 낮은 전동차 등 우리나라에 만연한 안전 불감증이 만들어 낸 최악의 인재였다.

/ 재난뉴스 기자

재난대처방법 철도 사고

지하철 사고 발생 시

☐ 화재 발생 시 유독가스를 흡입하지 않도록 코와 입을 수건이나 옷소매 등으로 막고 비상구로 대피한다.

☐ 방독면이 없으면 비닐봉지를 부풀려 코와 입에 대고 호흡하면서 안전한 곳으로 대피한다.

☐ 정전이 되면 지하철 안에 설치된 비상 대피 유도등을 따라서 침착하게 가까운 터널 입구로 대피한다.

☐ 지상으로 대피가 어려울 경우 전동차의 진행 방향 터널 쪽으로 대피한다.

선로에 추락 시 ❶

내가 떨어진 경우

☐ 열차가 들어오고 있다면 무리하게 승강장 위로 올라가지 않는다.

☐ 승강장 아래의 공간이나 벽 사이의 공간 등으로 대피하고 소리를 질러 도움을 청한다.

☐ 옷이나 가방 등이 열차에 끼이거나 휩쓸려 2차 사고가 나지 않도록 조심한다.

☐ 배차 시간이 충분해 열차가 들어오지 않는 것이 확인되면 도움을 요청해 승강장 위로 올라간다.

선로에 추락 시 ❷

다른 사람이 떨어진 경우

☐ 섣불리 선로로 뛰어들지 말고 큰 소리로 주변의 도움을 요청한다.

☐ 근처에 비상 통화 장치가 있다면 비상 통화로 역무원에게 사고 사실을 알린다.

☐ 열차가 바로 들어오지 않는다면 여러 명이 힘을 합쳐 도구를 사용해 승강장 위로 끌어올린다.

열차 안 화재 발생 시

☐ 열차마다 객실 끝에 위치한 비상 통화 장치를 사용해 승무원에게 화재 사실을 알린다.

☐ 119에 신고하거나 차장 또는 기관사에게 화재 사실을 알린다.

☐ 객실별로 설치된 분말 소화기로 신속하게 화재를 진압한다.

☐ 승무원의 안내에 따라 비상코크를 사용해 출입문을 열어 탈출한 후, 다른 열차가 오지 않는지 살피면서 선로를 따라 대피한다.

지하철 내 비상 상황 발생 시 ❶

☐ 지하철 내에 비상 상황 발생 시 승무원과 통화할 수 있는 비상 통화 장치가 있는데 버튼 형과 마이크로폰 형이 있다.

   – 버튼 형 : 빨간 통화버튼 1초간 누름.

   – 마이크로폰 형 : 폰을 들고 좌측 후크 누름.

지하철 내 비상 상황 발생 시 ❷

☐ 객차 내의 비상콕크를 돌리면 지하철 문이 수동으로 열린다. 신형 열차는 출입문 옆 중간 높이에 있고, 구형 열차는 출입문 아래 의자 밑에 있다.

☐ 구형 전동차 출입문 여는 순서
비상콕크 덮개를 연다. ⇨ 손잡이를 앞으로 당긴다. ⇨ 3~10초 정도 공기가 빠지는 소리가 멈출 때까지 기다린다. ⇨ 공기가 빠지면 두 손으로 출입문을 연다.

※ 만약 문이 열리지 않는 상황이면 비상용 망치를 이용하거나 소화기로 유리창을 깬다.

지하철 내 비상 상황 발생 시 ❸ [출처 : 서울교통공사]

비상시 스크린도어를 수동으로 여는 방법

☐ 전동차가 정 위치에 있는 경우 : 스크린도어 손잡이를 잡고 양쪽으로 젖힌 후 좌우로 밀어낸다.

☐ 전동차가 정 위치에 있지 않는 경우 : 비상문의 비상레버를 밀고 나간다.

재난지식 노트

비상시 지하철의 출입문을
여는 방법을 기억해요!

지하철 안전장치 ☆ 꼭 기억하자!

[출처 : 서울교통공사]

자동조명 장치

전원 공급 장치에 축전지를
내장해 정전 시 자동으로 켜
진다.

화재 감지기

화재가 발생하면 자동으로
경보음이 울린다.

비상통화 장치

비상시 승무원과 직접 통화
가 가능하다.

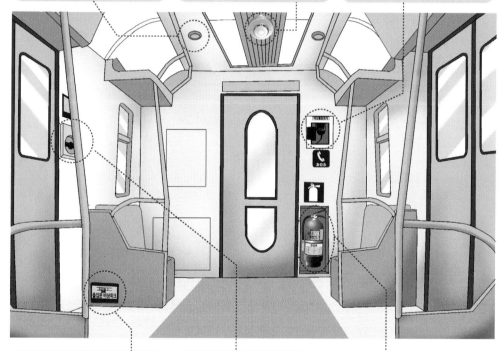

출입문 비상콕크(구형전동차)

밸브 손잡이를 당기면 공기
압이 빠져 수동으로 출입문
을 열 수 있다.

출입문 비상콕크(신형전동차)

시계 방향으로 핸들을 돌리
면 수동으로 출입문을 열 수
있다.

분말소화기

화재가 발생하면 안전핀을
뽑고 손잡이를 움켜쥐어 불
길을 향해 골고루 뿌려 준다.

도로 사고

삼촌, 오늘따라 교통체증이 심한 것 같아요.

흐음, 그러게 말이다. 퇴근 시간도 아닌데 유난히 정체가 심하구나.

아우, 벌써 몇 분째 같은 자리에 있는 거야! 빨리 집에 가고 싶은데.

어! 박사님, 방금 구급차가 지나간 걸 보니 어딘가에서 사고가 났나 봐요.

어쩐지. 앞쪽에서 교통사고가 나서 차가 이렇게 막히는 거였어.

교통사고요? 크게 다친 사람이 없었으면 좋겠어요.

그러게 말이다. 큰 사고가 아니면 좋겠구나.

박사님, 교통사고는 도로에서 발생하는 경우가 가장 많다고 하던데, 정말 그런가요?

교통사고는 도로뿐만 아니라 철도, 항공, 해상 등 운송을 기반으로 하는 모든 분야에서 발생하고 있어. 하지만 우리나라는 도로 사고의 비율이 가장 높단다.

2011년 국내 전체 교통사고 현황

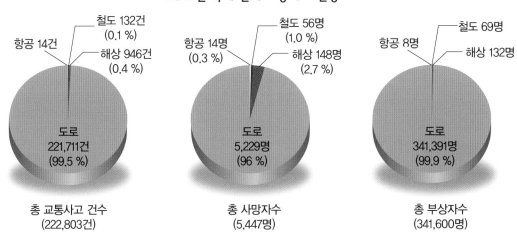

철도 132건 (0.1 %)
항공 14건
해상 946건 (0.4 %)
도로 221,711건 (99.5 %)
총 교통사고 건수 (222,803건)

철도 56명 (1.0 %)
항공 14명 (0.3 %)
해상 148명 (2.7 %)
도로 5,229명 (96 %)
총 사망자수 (5,447명)

철도 69명
항공 8명
해상 132명
도로 341,391명 (99.9 %)
총 부상자수 (341,600명)

[출처 : 도로교통공단, TASS 교통사고 분석시스템 통계보고서]

철도나 해상, 항공에서 발생하는 사고와는 비교가 안 될 정도로 많은 사고가 도로에서 발생하네요.

최근에는 도로안전 질서가 체계화되면서 과거에 비해 사고가 많이 감소하긴 했지만, OECD에 가입한 교통안전 선진국들과 비교해 봤을 때 아직은 평균에 못 미치고 있어.

이 표를 보면 2011년도 기준으로 OECD 교통안전 선진국의 인구 10만 명당 교통사고 사망자 수가 평균 1.4명인데 우리나라는 3배 높은 걸 알 수 있지?

2011 OECD 회원국 교통사고 사망자 수 비교

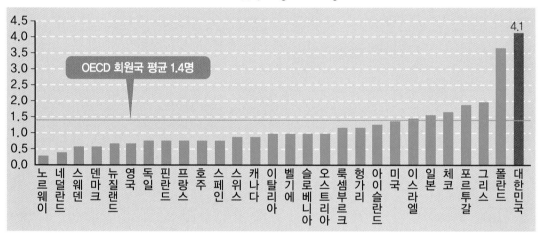

OECD 회원국 평균 1.4명

(노르웨이, 네덜란드, 스웨덴, 덴마크, 뉴질랜드, 영국, 독일, 핀란드, 프랑스, 호주, 스페인, 스위스, 캐나다, 이탈리아, 벨기에, 슬로베니아, 오스트리아, 룩셈부르크, 헝가리, 아이슬란드, 미국, 이스라엘, 일본, 체코, 포르투갈, 그리스, 폴란드, 대한민국 4.1)

[출처 : 도로교통공단, 2011 OECD 회원국 교통사고 비교(2013년판)]

이렇게 표로 보니까 우리나라에서 도로 교통사고가 생각보다 많이 발생한다는 게 실감이 나요.

그래, 하지만 더 심각한 건 최근 들어 우리나라는 사고 '감소폭'이 점점 줄어들고 있다는 점이야.

삼촌! 교통사고가 도로에서 가장 많이 발생하는 만큼 사고의 종류나 원인도 다양할 것 같아요.

맞아요. 그리고 사고를 방지하기 위한 방법에는 어떤 것들이 있는지도 궁금해요.

한동안 도로에 갇혀 있어야 할 것 같은데, 그럼 도로 사고에 대해 하나씩 알려 주마.

먼저, 도로 사고가 뭔지 설명해 줄게.

도로 사고

- **도로교통법상 교통사고** : 도로에서 발생한 사고.
- **교통사고처리특례법상 교통사고(제2조 2항)** : 차의 교통으로 인하여 사람을 사상하거나 물건을 손괴하는 것(여기서 '차'(車)는 자동차, 건설기계, 원동기 장치 자전거, 자전거, 사람 또는 가축의 힘, 그 밖의 동력에 의해 도로에서 운전되는 것을 의미함).

도로 사고는 일반적 (도로교통법 제 54조 사고 발생 시의 조치)으로 도로상 차의 교통으로 인해 사람을 사상하거나 물건을 손괴한 사고를 말한다.

아, 자전거를 타고 가다가 사고가 나도 도로 교통사고가 되는 거군요.

그렇지. 도로 사고에서 말하는 차(車)는 단순히 자동차만을 의미하는 건 아니야. 다만, 철길이나 가설된 선에 의해서 움직이거나 운전되는 기계, 유모차, 행정안전부령이 정하는 보행 보조용 의자차는 제외되지.

삼촌, 도로 사고가 뭔지 확실히 알겠어요. 이제 도로 사고에는 어떤 것들이 있는지도 알려 주세요!

교통사고는 크게 피해의 경중, 사고 장소, 사고종별에 따라 그 종류를 나눌 수 있어.

교통사고 분류 체계

구분	내용
피해의 경중	사망 사고, 중상 사고, 경상 사고, 부상 신고 및 물적 피해
사고 장소	노외 교통사고, 노상 교통사고
사고종별	충돌 사고, 전복 · 전도 사고, 추락 사고, 추돌 사고, 접촉 사고

그럼 교통사고가 났을 때 부상 정도와 사망 기준은 어떻게 나뉘는지 말해 줄게.

교통사고 시 부상 정도 및 사망 기준

사망 사고
교통사고가 주원인으로 72시간 내에 사망한 경우.

중상 사고
3주 이상의 치료가 필요하다는 의사의 진단을 받은 경우.

경상 사고
5일 이상 3주 미만의 치료가 필요한 부상.

부상 신고
5일 미만의 치료를 요하는 부상.

그럼 삼촌, 노외 교통사고는 도로가 아닌 곳에서 발생한 사고를, 노상 교통사고는 도로에서 발생한 사고를 뜻하는 건가요?

오! 잘 알고 있구나. 특히 노상 교통사고는 차도나 도로 상에서 주행 중인 차와 관계돼 발생한 사고라고 보면 돼.

박사님! 사고종별에 따른 사고에 대해서는 제가 설명할게요.

충돌 사고는 차(車)와 차(車), 차와 사람, 차와 물건 등이 서로 부딪쳐서 발생하는 사고를 말해. 전복 · 전도 사고는 차가 단독으로 뒤집히거나 넘어진 상태의 사고를 뜻하고, 추락 사고는 차가 단독으로 떨어지는 사고를 말하지.

충돌 사고

전복, 전도 사고

추락 사고

이 밖에도 앞차의 뒷부분을 뒷차의 앞부분으로 충돌하는 추돌 사고, 차와 차가 서로 접촉해 발생하는 접촉 사고 등이 있어.

추돌 사고

접촉 사고

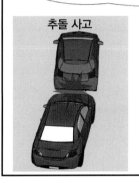

이야, 우리 안전이가 쉽고 자세하게 잘 설명해 줬구나.

안전이 덕분에 도로 사고의 종류에 대해서 확실하게 알게 됐어요.

삼촌, 이제 도로 사고가 어떻게 발생하는지도 알려 주세요.

우리 조카가 궁금한 게 많은걸!

도로 사고의 발생 원인은 아주 다양한데 크게 사람, 보호 장구 미착용, 환경, 차량, 이렇게 네 가지 원인으로 나눌 수 있어.

사람

보호 장구 미착용

환경

차량

먼저 사람에 의해 도로 사고가 발생하는 경우를 알아보자.

사람에 의한 원인

음주 운전	• 인지력, 조작 능력, 판단력 저하로 인해 사고로 이어질 수 있다. • 교통사고 발생률은 1996년~2006년까지 10년 간 연평균 1.5 % 증가했다. • 사고 연령층은 20~40대가 83 %를 차지하며 주로 야간에 발생하는 경우가 많았다.
졸음 및 피로 운전	• 일반 교통사고에 비해 8배 정도 높게 나타난다. • 수면 시간이 부족한 상태(점심시간, 새벽)에서 주로 발생한다. • 충분한 휴식을 취한 뒤 운전하는 것이 중요하다.
기타 요인	• 약물 복용, 기존 질환의 악화나 발생 등.

사람에 의한 사고뿐만 아니라 안전벨트나 헬멧 등과 같이 보호 장구를 착용하지 않아 사고가 발생하기도 해.

보호 장구를 착용해야 하는 이유

안전 벨트		• 승용차의 경우 안전벨트 착용 시 사망률 45 % 감소, 중증 손상률이 50 % 정도 감소한다. • 안전벨트 착용 의무화 이후 사망률이 21 % 이상 감소했다.
에어백		• 2007년 교통사고 손상감시 사업에서 에어백이 작동한 사고의 경우 사망 사고는 없었다. • 측면 에어백의 경우 연간 700~1,000명 정도가 생명을 구한다고 알려져 있다.
안전 의자		• 어린아이가 동승할 경우 반드시 안전의자에 앉혀야 한다. • 만 1세 이하(9 kg 이하)의 경우 안전의자에 앉힌 다음 뒤쪽을 보게 하고, 4세(9 kg~18 kg)까지는 안전의자 앞쪽을 보게 앉힌다.
헬멧		• 오토바이 사고 시 뇌 손상률을 2.8배 이상 감소시킨다. • 2007년 오토바이 교통사고 손상감시에서 헬멧 착용 시 사망은 없었지만 헬멧 미착용 시 사망률은 3.8 %였다.

안전벨트를 착용하면 사망률이 크게 낮아지네요.

나도 차에 타자마자 안전벨트를 맸지.

보호 장구를 착용했을 때와 그렇지 않았을 때 피해 정도의 차이가 크다는 걸 알 수 있지!

박사님, 보호 장구는 생명을 지키는 소중한 장비인 것 같아요.

이 밖에도 교통사고는 날씨, 노면의 상태 등 다양한 환경적 요인에 의해서도 발생한단다.

교통안전공단에서 2010년~2014년까지 3~5월의 기상 상태로 인한 교통사고를 분석한 결과에 따르면, 교통사고는 안개 낀 날이 가장 높았고 다음으로 흐림, 비, 눈, 맑음 순이었어. 특히 봄철에는 안개가 자주 발생해 운전자 및 보행자가 시야를 확보하기 어려워 각별한 주의가 필요하지.

이처럼 기상 상태 또는 환경으로 인한 사고가 자주 발생하는 위험 지역은 속도를 줄이거나 안내 표지판 등을 설치해 사고가 일어나지 않도록 노력해야 한단다.

생각해 보니 빗길에 차가 미끄러지면서 사고가 발생했다는 뉴스를 TV에서 종종 봤던 것 같아요.

날씨도 교통사고에 영향을 미치는 요소였군요.

오늘 오전 9시경 ○○대로에서 승용차가 빗길에 미끄러져….

그렇지. 날씨뿐 아니라 차량 자체의 결함으로도 교통사고는 발생할 수 있어.

차량 자체의 결함이라면 타이어가 파열되거나 브레이크가 고장 나는 경우를 말씀하시는 건가요?

맞아. 차량에 의한 교통사고는 지속적인 점검을 통해서 얼마든지 줄일 수 있어. 특히 타이어는 교통안전에 큰 영향을 주는 요소인 만큼 꼼꼼한 관리가 필요하지.

고속도로 타이어 파손 사고

한국도로공사에 따르면, 2011년~2015년까지 전국 고속도로에서 생긴 타이어 파손 사고는 총 437건이었고 이 사고로 43명이 사망, 278명이 부상을 입었다. 타이어에 마모가 심하면 자동차 제동력이 크게 떨어지므로 사고 발생 가능성이 더 높아진다. 특히 버스나 대형 화물차는 탑승자와 주위 차량에도 큰 피해를 입히므로 주의가 필요하다. 이처럼 타이어는 생명과 직결된 중요한 부분이라 평소 타이어 마모와 공기압 등을 주기적으로 점검하는 게 중요하다.

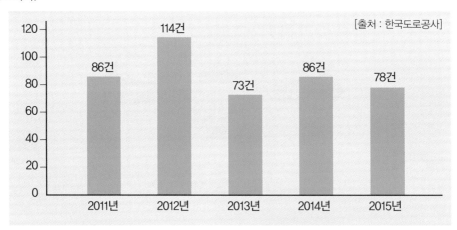

[출처 : 한국도로공사]

타이어 파손으로 발생하는 사고가 이렇게 많았군요.

삼촌 말씀을 듣고 타이어 건강이 교통안전에 큰 영향을 준다는 걸 알았어요.

그래, 타이어 점검의 중요성을 알았으니 이제 타이어의 관리 방법에 대해 살펴볼까?

타이어 관리 방법

1. 타이어 위치 순환

1만 km 주행마다 정기적으로 타이어의 위치를 바꿔 주는 것이 타이어 수명 연장과 사고 예방을 위해 좋다.

2. 도로별 제한 속도 준수

도로 제한 속도를 준수하면 장시간 운전 시 발생하는 피로를 줄이고 연료비 절감의 효과도 얻을 수 있다.

3. 타이어 마모 정도

타이어의 마모 정도에 따라 제동 거리가 달라지므로 바닥과 측면의 마모 상태를 수시로 점검하고 필요 시 위치를 교환하거나 새 제품으로 교체해야 한다. 자동차관리법 안전기준에 따른 타이어 바닥 홈 마모 한계값은 1.6 ㎜다.

신품 7 ㎜ 이상

마모 한계값 1.6 ㎜

4. 타이어 공기압

타이어의 공기압을 수시로 체크하고, 항상 규정 공기압의 유지가 필요하다. 타이어에 알맞은 공기압은 빗길 제동 거리 단축, 타이어 파손 예방, 타이어 수명 연장을 비롯해 연비 향상에도 도움이 된다.

접지폭

접지폭

접지폭

❶ 공기압이 부족한 타이어

기울어짐이 크고 불규칙한 마모와 과다한 열이 발생해 손상이 발생한다.

❷ 공기압이 적당한 타이어

최상의 제동력과 견인력이 생기고 균일한 마모로 타이어 수명이 길어진다.

❸ 공기압이 과다한 타이어

타이어 마모가 불규칙하고 외부 충격에 약하다.

5. 타이어 유통기한

타이어를 장기 보관하게 되면 고무 특성상 경화되므로 제작한 지 3년이 넘은 타이어는 새 제품이라 하더라도 판매하지 않는다. 타이어 측면의 숫자와 알파벳에 타이어에 대한 모든 정보가 들어 있다.

2017년 12주차 생산

1217

주차 년도

6. 타이어 보관 방법 및 교체 시기

타이어는 가급적 그늘지고 건조한 실내에 세워 보관한다. 타이어 교체는 바닥 홈 깊이가 1.6 ㎜이거나 그 밑까지 닿았을 때 즉시 교체하고 중고 타이어는 사용하지 않는 것이 좋다.

타이어를 점검하는 것뿐만 아니라 운전 습관도 타이어 건강에 영향을 주겠네요.

그래, 간단한 타이어 점검만으로도 도로 교통사고를 크게 줄일 수 있단다.

삼촌, 운전 중에 도로에서 갑자기 차에 문제가 생기는 경우도 있잖아요. 그럴 땐 어떻게 해야 하나요?

아주 좋은 질문이야. 주행 중에 갑자기 차에 문제가 발생하면 당황해서 사고로 이어질 수 있기 때문에 조치 방법을 미리 알아두는 게 좋아.

차가 이상하네!

치이이익

고속도로에서 운전 중 갑자기 차가 고장 나거나 연료가 부족해서 운전을 할 수 없게 되면 *갓길에 차를 주차하는 게 가장 먼저 할 일이란다.

아, 다른 차의 주행을 방해하지 않고 사고를 막기 위해 일단 갓길에 차를 세우는 거군요.

그렇지. 그리고 난 다음에는 차가 고장이 났다는 표시를 해 줘야 해.

*갓길 고속도로에서 비상시 사용하는 양쪽 가장자리 길.

고장 차량 표지 설치

- **주간** : 주차등을 켜고 고장 차량 후방 100 m 이상 도로 위에 고장 차량 표지를 설치한다.
- **야간** : 고장 차량 후방 200 m 이상 도로 위에 표지를 설치하고 사방 500 m 지점에 불꽃신호 또는 적색섬광신호 등 식별할 수 있는 장치를 설치한다.
- **강한 바람이 불 때** : 차체 후부에 연결하는 등 고장 차량 표지가 넘어지지 않게 조치한다.

주간 100 m 이상
야간 200 m 이상

고장 차량을 표시할 때는 보통 비상용 삼각대나 경광봉과 같은 발광용품을 사용하는데, 이런 표지들이 없다면 차의 비상등을 켜고 차량 트렁크를 활짝 열어서 뒤에 오는 차들에 이 상황을 알려 줘야 해.

그렇군요. 고장 차량 표시를 한 뒤에는 피해 상황을 알리고 구조 요청을 해야겠네요.

네 말이 맞아. 고장 차량에서 내린 뒤에는 2차 사고를 피할 수 있는 곳으로 가서 경찰이나 한국도로공사에 사고 위치와 피해 상황 등을 신고해야 한단다.

음…, 그런데 삼촌, 사고가 난 위치를 모를 수도 있잖아요.

자신의 정확한 위치를 파악하기 어려울 때는 도로 우측에 있는 *기점표지판을 확인하면 간단하게 위치를 알 수 있어.

103
.6

*기점표지판 고속도로 시작 지점으로부터 현재 위치의 거리를 알려 주는 표지판. 200 m마다 주행 방향의 오른쪽에 설치돼 있다. 초록 바탕의 흰 숫자는 기점으로부터의 거리를, 흰 바탕의 검은 숫자는 소수점 거리를 나타낸다.

이렇게 비상조치와 함께 신고를 하고 나면 견인차를 부르는 방법 등을 통해서 사고지점에서 가능한 빨리 차를 이동시켜야 한단다.
사고 현장을 떠날 때는 설치했던 표지판이나 장비도 잊지 말고 챙겨야겠지?

도로에서 갑자기 차가 고장 나면 놀라고 당황해서 어찌할 바를 모를 것 같은데 이렇게 미리 대비책을 공부해 두면 잘 대처할 수 있을 것 같아요.

삼촌, 이제 도로가 뚫렸나 봐요.

그럼 출발해 볼까?

부웅

끼익

으악!

얘들아, 괜찮니?

아오, 깜짝이야! 도로 교통안전을 방해하는 못된 운전자 같으니!

삼촌, 놀라긴 했는데 저희는 괜찮아요.

불

끈

모두 다친 데가 없다니 다행이다. 도로에 차가 많을 때는 차로를 준수해서 조심히 운전하는 게 기본 중의 기본인데…. 하마터면 사고가 날 뻔했구나.

차로가 뭐예요, 삼촌?

아, 그건 내가 설명해 줄게.

부우웅

차로는 *차선을 이용해서 차도를 구분하는 걸 말해. 이렇게 차도를 구분한 차로를 통해 자동차가 안전하고 원활하게 통행할 수 있지.

*차선 차로와 차로를 구분하기 위해 경계 지점을 표시한 선.

그럼 좀 전처럼 갑자기 끼어들면 안 되는 거네요.

차로를 바꿔서 갑자기 끼어드는 경우 말고 차로를 위반하는 경우에는 또 뭐가 있어요?

자, 차로를 위반하는 유형에 대해서 설명해 줄게.

차로를 위반하는 유형

- 두 개 차로에 걸쳐 운행하거나 두 개 이상의 차로를 지그재그로 운행하는 경우.
- 갑자기 차로를 바꿔서 옆 차로로 끼어들거나 여러 차로를 연속해서 가로지르는 경우.
- 진로 변경 금지 구역에서 이를 무시하고 진로를 변경하는 경우.

진로 변경을 할 때 유의사항도 잘 기억하고 있어야 돼.

진로 변경 시 유의사항

- 도로의 백색 또는 황색 점선이 있는 곳에서만 진로를 변경할 수 있다.
- 백색 실선이 있는 곳(터널 안, 교차로의 직진 정지선, 비탈길 등)은 차로 변경이 금지된다.
- 차로 변경을 해야 하는 경우(좌·우회전, 횡단, 후진, 유턴 등)에는 사전에 후방과 주위를 살피고 옆 차로와 대각선으로 안전 공간을 확보한 후에 천천히 변경한다.
- 뒷차와의 충돌을 예방하기 위해 진로를 변경하려는 지점으로부터 30 m 이상 밖에서 진로 변경 신호를 보낸 후 진로를 변경한다.(고속도로의 경우 100 m 이상 밖에서 신호.)

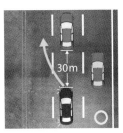

아무 곳에서나 차로를 변경하는 게 아니구나. 고속도로에서 차로 변경을 할 때는 더 조심해야겠어요.

그렇지? 좀 전에 차로 변경으로 끼어든 차량 때문에 급하게 브레이크를 밟게 되면 제동력에도 문제가 생기기 때문에 더욱 조심해야 돼.

제동력의 한계

- 급브레이크를 밟으면 원반과 패드(받침대) 사이에 강한 저항력이 발생해 차 바퀴 회전이 갑자기 멈추게 된다.
- 회전이 멈춘 채 바퀴가 노면에 미끄러지면 자동차 제동력에 한계가 생기게 된다.
- 주행 중인 차는 운동에너지를 갖는데, 차의 제동거리는 차가 갖는 운동에너지의 제곱에 비례해 길어진다.
- 따라서 차의 속도가 2배가 되면 제동거리는 4배가 된다.
- 비에 젖은 노면이나 빙판길의 경우 제동력이 낮아지므로 미끄러져 나가는 거리가 더 길어진다.

※ 운동에너지는 속도의 제곱에 비례해서 커진다.

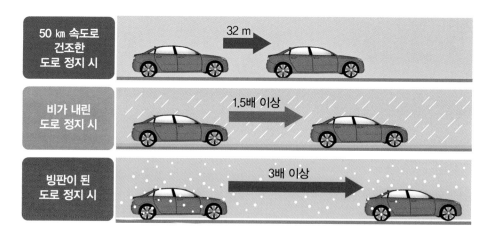

50 km 속도로 건조한 도로 정지 시	32 m
비가 내린 도로 정지 시	1.5배 이상
빙판이 된 도로 정지 시	3배 이상

노면의 상태에 따라서 제동력이 달라지는군요.

박사님 설명을 들으니까 차량 점검도 중요하지만 운전자의 안전의식이나 안전교육도 굉장히 중요하다는 생각이 들어요.

물론이야. 도로 교통사고의 주요 원인은 교통법이나 신호체계 등의 하드웨어적 측면과 운전자와 보행자의 안전의식과 같은 소프트웨어적인 측면이 있단다.

이제 단순히 하드웨어적인 부분을 보강하는 것으로는 도로 교통사고를 막을 수 없는 만큼 운전자의 높은 안전의식과 체계적인 교통안전교육을 통해 소프트웨어적인 부분도 신경을 써야 할 거야.

터널에 들어갈 때마다 깜깜해져서 무서워.

난 영화처럼 터널이 무너지지 않을까 무섭던데.

박사님, 이렇게 좁고 긴 터널에서 사고가 나면 피해도 크고 사고 수습도 어려울 것 같아요.

그래, 특히 터널에서 사고가 나면 화재로 이어질 수 있어서 굉장히 위험하지.

예전에 프랑스에서 일어난 몽블랑 터널 사고가 그렇단다.

몽블랑 터널은 프랑스와 이탈리아를 잇는 자동차 전용 터널이야. 1999년 3월 24일 오전 11시쯤 이 터널에서 큰 화재가 발생했어.

프랑스

이탈리아

몽블랑 터널

터널 중간지점에서 밀가루와 마가린을 실은 트럭에서 불이 나면서 터널 내부가 순식간에 화염에 휩싸였단다. 1000 ℃가 넘는 화재 열기 때문에 대부분의 운전자들이 그 자리에서 목숨을 잃었지.

몽블랑 터널(Mont Blanc tunnel) 화재

몽블랑 터널에서 발생한 화재로 인해 노면 슬라브 하부에 있는 콘크리트 아치가 손상돼 불안정해졌고, 상당 구간의 터널 천장이 붕괴됐다. 이 터널은 2차선 터널로써 양방향 교통을 처리하고 있지만 대피할 곳은 없었다. 또한 화재 대피소에는 공기 공급 장치가 부적절하게 설치돼 있었다. 터널 안전에 대한 책임 소재를 비롯해 터널에 대한 양국 소유권 문제도 안전관리를 하는 데 방해가 됐다. 이 화재로 차량 33대가 손상됐고, 사망 41명, 부상 27명의 사상자가 발생했다.

좁은 터널에서 발생한 화재라서 연기로 인한 인명 피해가 컸겠어요.

그래, 현장에 있던 소방관에 의하면 사망자 대부분이 연기로 인한 질식으로 목숨을 잃었다고 해.

몽블랑 터널 화재 이후 많은 터널들이 별도의 탈출로를 갖추었어. 한쪽 터널에서 화재가 발생하면 통로를 통해 다른 터널로 탈출할 수 있도록 한 거지.

또 프랑스는 관련된 8개 법을 개정하고, 200개의 규정을 신설하는 등 대대적인 제도 정비와 시스템 구축으로 터널 안전에 힘썼단다.

영종대교 추돌 사고

영종도   인천시

인천국제공항
고속도로

2015년 2월 11일 오전 11시 45분경 인천 영종대교에서 전례 없는 추돌 사고가 발생했다.

이 사고는 영종대교의 가장 높은 지점을 지나 내리막으로 이어지는 지점에서 발생했으며 공항리무진버스, 승용차 등 106대가 추돌했다.

첫 번째 사고는 관광버스가 서행하던 승용차를 들이받으면서 발생했다. 당시 영종대교는 눈과 비로 인해 대기 중 수증기가 포화된 상태에서 밤사이 기온이 떨어지는 바람에 짙은 안개가 발생, 가시거리가 10 m에 불과했다.

두 번째 사고는 첫 번째 사고를 피해 2차로에서 3차로로 차선을 변경하는 택시를 투어버스가 들이받으면서 발생했다. 이후 2차로를 달리던 택시가 두 번째 사고로 3차로에 서 있던 택시를 들이받으면서 세 번째 사고가 발생했다.

연쇄 추돌은 10여 분간 일어났으며 택시 포함 승용차 59대, 버스와 승합차 31대, 화물차 14대, 견인차 2대가 추돌한 것으로 집계됐다. 국내 최다 추돌 교통사고로 기록된 영종대교 사고는 사망자 3명, 부상자 129명의 사상자를 냈고 차량 106대가 파손되면서 13억 2,000여 만 원의 재산 피해를 발생시켰다.

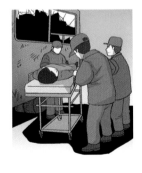

/ 재난뉴스 기자

재난대처방법 도로 사고

도로 횡단 시

- ☐ 먼저 좌우를 살피고 무단 횡단하지 않는다.
- ☐ 어린이 또는 노약자는 가능한 보호자와 함께 건넌다.
- ☐ 신호가 바뀌면 바로 건너지 말고 차량이 오는지 반드시 확인한다.
- ☐ 신호가 끝나가는 경우 무리해 건너지 않으며, 신호등이 없는 곳에서는 차량이 멈추거나 운전자의 수신호가 있을 때 건넌다.
- ☐ 운전자는 사람이 내리고 있는 차량 옆을 지나거나 추월하지 않고, 차에서 내리는 사람은 지나가는 차량에 주의한다.

도로 보행 시

- ☐ 인도와 차도의 구분을 명확히 인지해 안전하게 보행하고, 인도와 차도의 구분이 명확하지 않은 경우 길 가장자리로 다닌다.
- ☐ 운동과 같은 활동을 하는 경우 안전한 장소에서 한다.
- ☐ 비가 오는 경우 우산을 똑바로 써서 앞을 살피고 차도에서 떨어진 길 가장자리로 걷는다.
- ☐ 차량이 좁은 길이나 골목길에서 넓은 도로로 나올 때는 일단 멈추고 좌우를 확인한다.

사고 발생 시

- ☐ 112, 119에 사고를 신고하고 사고 현장을 카메라 등으로 기록한 뒤 사고 당사자 간에 인적사항이나 연락처를 교환한다.
- ☐ 2차 사고 예방을 위해 사고 현장을 기록한 뒤 안전지대로 차량을 옮기거나 삼각대 등을 설치해 다른 차량의 주행을 방해하지 않는다.
- ☐ 위험 물질이 있는 차량 사고 시 사고지점에서 대피하고 화재 발생의 경우를 제외하고는 부상자를 건드리지 않는다.
- ☐ 구조대 활동이 시작되면 사고 현장에서 떨어져 있어야 하며, 화재 발생 위험이 있으니 담배 등을 피우지 않는다.

터널 주행 시

- ☐ 터널 통과 직후 급한 내리막이나 경사가 있는 경우 급제동을 하면 사고 위험이 있으므로 터널에 진입하기 전 속도를 줄이고, 안전거리를 확보하며, 급제동을 하지 않는다.
- ☐ 눈이 오면 터널 내에 쌓인 눈은 햇볕을 받지 못해 빙판으로 변할 수 있으므로 터널 내 결빙에 주의한다.
- ☐ 터널 내 정차한 차량이나 장애물에 미리 대비하기 위해 터널 진입 전 감속 운행한다.
- ☐ 터널은 일반 도로에 비해 공기 저항이 높아 차로 변경 시 좌우 흔들림이 크므로 터널 안에서는 추월을 하지 않는다.

터널 내 화재 발생 시 ❶

- ☐ 터널 내 다량의 연기가 위험할 수 있으므로 운전자는 가급적 차량과 함께 터널 외부로 이동한다.
- ☐ 외부로 이동이 어려울 경우 구급 및 구조활동을 신속히 할 수 있도록 최대한 차량을 갓길에 정차시킨다.
- ☐ 소방활동 시 신속하게 차량을 이동시킬 수 있도록 차량 엔진을 끈 후 키를 꽂아둔 채 대피한다.

터널 내 화재 발생 시 ❷

- ☐ 터널 내 설치 된 비상벨을 눌러 화재가 발생했음을 알린다.
- ☐ 비상벨은 소화기함 또는 소화전함에 부착돼 있으며, 비상벨을 누르면 터널 관리소로 통보된다.(1,000 m 이상 터널의 경우)
- ☐ 화재 규모가 작아서 초기 대응이 가능한 경우에는 근처에 있는 소화기구를 사용해 진화를 시도한다.
- ☐ 사고 차량의 부상자를 도와 대피하고 휴대전화 사용이 가능하면 119로 구조를 요청한다.

야간 운전 시 ❶

- ☐ 야간에는 시야의 범위가 좁아져 전조등이 비추는 범위 밖은 보기 어려워 보행자나 물체를 늦게 발견할 가능성이 높다.
- ☐ 야간에는 낮보다 낮은 속도로 주행한다.
- ☐ 전조등이 비추는 범위 앞쪽도 세심하게 살핀다.
- ☐ 차의 실내는 가급적 어둡게 한 후 주행한다.

야간 운전 시 ❷

- ☐ 야간 주행 시에는 중앙선으로부터 조금 떨어져서 주행하는 것이 안전하다.
- ☐ 야간에는 신경이 피로해 몸이 피곤하거나 졸음이 오기 쉬우므로 중간에 휴식을 취하고 가능하면 교대로 운전한다.
- ☐ 교차로나 커브길을 주행할 때는 전조등을 위아래로 번갈아 비추면서 차가 접근하고 있음을 알린다.

빗길 운전 시

- ☐ 비가 오는 날 운전을 하는 경우 시야가 잘 확보되지 않고 노면이 미끄러지기 쉽다.
- ☐ 맑은 날에 비해 정지 거리가 길어지므로 사고의 확률도 높아진다.
- ☐ 보행자나 방해 물체를 발견할 경우를 대비해 평소보다 서행한다.
- ☐ 낮에도 어두울 때는 전조등을 켜고 보행자 옆을 통과할 때는 속도를 낮춘다.
- ☐ 비가 내리는 도로 표면은 흙먼지가 묻어 있어 미끄러지기 쉬우므로 주행에 주의한다.

재난지식 노트

사고 현장 촬영 방법에
대해 기억해요!

도로 단속 원리

[출처 : 경찰청 공식 블로그]

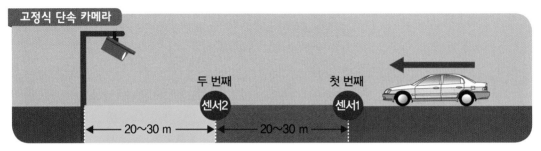

고정식 단속 카메라

두 번째
센서2

첫 번째
센서1

20~30 m   20~30 m

설치된 카메라 20~30 m 앞 도로 바닥에 감지선이 일정 간격으로 깔려 있어 차량의 속도가 측정된다. 카메라가 설치된 직진 차로 정지선 앞쪽 아스팔트에 직사각형 혹은 팔각형 모양의 검은띠가 있는 것을 확인할 수 있다. 주행 중인 차량이 이 정지선 앞의 사각형 모형을 밟고 지나가는 시간과 그 다음 사각형을 밟고 지나갈 때의 시간을 계산해 규정 속도를 넘기면 카메라가 찍는 방식이다.

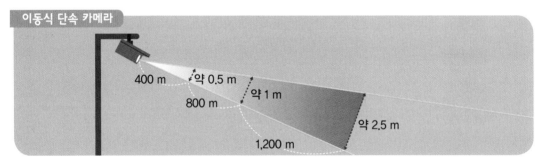

이동식 단속 카메라

400 m   약 0.5 m
800 m   약 1 m
약 2.5 m
1,200 m

1초에 400개 정도의 레이저가 자동차에 발사되고 그 레이저가 반사돼 돌아오는 시간으로 속도를 측정한다. 야구에서 투구 속도를 측정하는 '스피드 건'과 같은 원리로 중앙처리장치가 있어 레이저로 측정된 값이 규정 속도 이상이면 셔터가 내려가는 방식이다.

구간 단속 원리

$$\frac{\text{A지점과 B지점 사이의 거리}}{\text{B지점 단속 시간} - \text{A지점 단속 시간}} = \text{구간 평균 속도}$$

B지점   A지점

총 세 번의 단속(시작지점 속도, 단속 구간 내 평균 속도, 종료시점 속도)을 하며 경찰은 각각의 위반 속도를 비교해 이 중 제한 속도를 가장 많이 초과한 곳을 기준으로 과태료를 부과한다.

사고 현장 촬영 방법 ⭐ 꼭 기억하자!

(1) 멀리서 찍는다.

도로와 차선, 지형 및 도로 표지판 등이 보이도록 여러 방향으로 멀리서 찍어야 사고 상황을 파악할 수 있다. CCTV와 같이 단서가 될 만한 것이 있다면 함께 확보한다.

(2) 차량 번호판과 차량 모두 보이도록 찍는다.

사고와 관계된 모든 차량과 차량 번호가 나오게 찍어야 사고 원인을 파악할 수 있고 신원 확인의 증표가 될 수 있다.

(3) 가깝고 정확하게 찍는다.

사고 발생으로 인한 파손 부위를 가까이에서 정확하게 촬영해야 사고 당시 차량의 속도를 추정할 수 있다. 상대 차량에 블랙박스가 있는지도 함께 확인한다.

(4) 바퀴 방향이 잘보이도록 찍는다.

차량의 바퀴를 방향이 나오도록 찍어야 사고 당시의 원인을 좀 더 명확하게 파악할 수 있다.

④ 해양 사고

해양박물관

저벅   저벅

우아, 진짜 넓다!

삼촌! 빨리 배 구경하러 가요!

하하하, 배를 좋아한다더니 아주 신났구나.

척-

오빠 학교 과제 때문에 견학 온 건데, 우리가 따라와서 방해하는 거 아냐?

방해는 무슨! 덕분에 나도 재밌게 공부할 수 있을 것 같은데!

자, 그럼 천천히 하나씩 둘러보자꾸나.

박사님, 그런데 옛날 사람들은 언제부터 배를 타고 항해라는 걸 했던 걸까요?

스윽

음, 그럼 박물관을 둘러보기 전에 고대 항해의 역사에 대해서 간단히 알려 주마.

고대 인류의 항해 역사는 해수면이 낮았던 동남아 앞바다에서 오세아니아 근해로 사람들이 이주한 것을 시초로 보고 있단다.

고대 항해의 역사

기원전 2600년경 이집트에서는 지중해를 통해 레바논산 통나무를 대량으로 수입했다는 기록이 있고, 지중해와 인도양 인근의 사람들은 교역을 위해 바다로 나가기도 했다. 기원전 2세기에는 히팔루스라는 그리스인이 아라비아에서 인도까지 항해했으며, 기원전 10세기에 안데스인이 뗏목을 타고 에콰도르 해안까지 건너왔다. 또 11~13세기에는 폴리네시아인이 카누에 돛을 달아 수천 킬로미터를 항해했다.

인간은 아주 오래 전부터 항해를 했군요. 그런데 지금 우리가 알고 있는 큰 배가 아니라 작은 뗏목으로 항해를 했나 봐요.

맞아. 고대 인류가 했던 항해술은 짐배나 뗏목을 가지고 해와 별, 바람에 의존하는 정도였어.

옛날 사람들은 별자리를 보고 방향을 파악했다던데 항해를 할 때도 같은 방법을 사용했군요.

그렇지. 지금처럼 GPS가 없던 시절에는 별자리를 이용해서 방향이나 위도를 측정해야 했거든.

북반구에 있는 별자리들은 대항해 시대 이전에 관측이 됐지만 남반구의 별자리들은 대항해 시대를 거치면서 선원들에 의해 별자리로 정해진 것들이 많단다. 그 이유에서인지 남반구의 별자리는 항해와 관련된 것들이 많아.

 그건 내가 공부해 왔으니 설명해 줄게.

항만(항만법 제2조)

'항만'이란 선박의 출입, 사람의 승선·하선, 화물의 하역·보관 및 처리, 해양친수활동 등을 위한 시설과 화물의 조립·가공·포장·제조 등 부가가치 창출을 위한 시설이 갖추어진 곳을 말한다.

선박(선박법 제2조)은 수상 또는 수중에서 항행용으로 사용하거나 사용할 수 있는 배의 종류를 말해.

덧붙여서 설명하자면 선박은 다음의 세 가지로 구분할 수 있단다.

선박이란?

기선 : 기관(機關)을 사용해 추진하는 선박(선체) 밖에 기관을 붙인 선박으로써 그 기관을 선체로부터 분리할 수 있는 선박 및 기관과 돛을 모두 사용하는 경우로, 주로 기관을 사용하는 선박을 포함한다.)과 수면비행선박(표면 효과 작용을 이용, 수면에 근접해 비행하는 선박을 말한다.)

범선 : 돛을 사용해 추진하는 선박(기관과 돛을 모두 사용하는 경우로, 주로 돛을 사용하는 것을 포함한다.)

부선 : 자력 항행 능력이 없어 다른 선박에 의해 끌리거나 밀려서 항행되는 선박.

[출처 : 국가법령정보센터]

삼촌, 바다에 떠 있는 배를 볼 때마다 궁금했는데요. 저렇게 무겁고 큰 배가 어떻게 바다 위에 떠 있을 수 있는 걸까요?

아주 좋은 질문이구나. 배가 뜰 수 있는 건 바로 '부력' 때문이야.

부력이란?

부력(浮力, Buoyancy Force)은 유체 속에 잠겨 있는 물체(중력의 작용 하에 있는 물체)가 유체로부터 받는 힘을 말한다. BC 220년경 그리스의 아르키메데스가 발견했으며 이 힘은 중력과 반대 방향으로 작용한다.

유레카!

아하! 유레카라는 말이 아르키메데스가 부력을 발견하면서 외친 거죠?

그렇단다. 자, 그럼 이 부력이 어떻게 배를 띄우는지 알아볼까?

중력에 의해 배가 물속으로 가라앉는 힘보다 물속에서 밀어내는 부력이 크면 배가 물 위에 뜰 수 있어. 다시 말해 무거운 배가 물 위에 뜰 수 있는 건 무게가 아니라 바로 물과 접촉하는 면적에 달려 있단다. 철의 면적이 좁거나 작으면 물에 가라앉는 반면 철의 면적이 넓으면 부력을 충분히 받아 물 위에 뜨게 되는 거지.

철의 부피가 작아 가라앉는다.

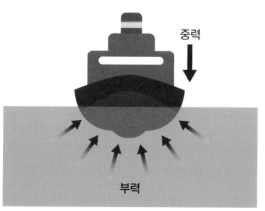

중력

부력

철의 부피가 커서 물에 뜨게 된다.

삼촌, 그림과 함께 설명을 들으니까 배가 물에 뜨는 원리가 쉽게 이해돼요.

저도요!

아빠, 질문 있어요! 배가 운송 수단으로 활용되면서 점차 발달했다고 하셨잖아요.

도로도 운송 수단으로 이용되는데 해상 운송과 도로 운송이 어떤 차이가 있는지 알려 주세요.

그렇지. 운송 수단은 도로만 있는 게 아니란다.

도로 운송과 해상 운송을 비교해서 설명하면 이해가 좀 더 빠를 거야.

박사님, 그 부분은 저도 알고 있으니 제가 설명해 볼게요.

도로 운송과 해상 운송의 화물 처리 단계를 비교해 보고 두 운송 방식의 장단점에 대해 알려 줄게.

도로 운송과 해상 운송의 화물 처리 단계 비교

		장점	단점
	도로 운송	Door to Door 서비스가 가능하며 배차 시간에 대한 제한이 없다.	대량 화물을 운송하는 데는 부적합하며 원거리 운송 시에는 비용이 비싸다.
	해상 운송	대량 화물 운송에 용이하고, 비용이 저렴하다.	다른 운송 수단에 비해 운송 속도가 느리고, 기후의 영향을 많이 받는다.

최근에는 과거에 비해 선박의 속도가 빨라지면서 해상 운송의 단점으로 지적되던 속도도 큰 문제가 되지 않는다고 해. 그리고 도로에서 연안 해운으로 운송 수단을 전환하면 이산화탄소 배출이 3배 정도 감축되고 사회환경 비용도 12배나 감축된다는 연구 결과도 있어.

하지만 도로 운송에 비해 항만 운송은 적하부터 양하까지 그 단계가 훨씬 더 많잖아.

CO_2

이산화탄소 3배 감축
사회환경 비용 12배 감축

CO_2

안전이 덕분에 해상 운송의 특징과 장단점까지 알 수 있게 됐네. 고마워, 안전아!

하하, 쑥스럽네. 박사님 서재에서 공부한 내용이 굉장히 많은 도움이 된 것 같아요.

도움이 됐다니 나도 기분이 좋은걸!

자, 공부 다 끝났으니 우리 얼른 배 구경하러 가요!

으이구! 어태 그 생각만 했구나!

그래, 저쪽에 선박 모형들이 있는 곳으로 가 보자.

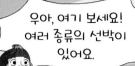

우아, 여기 보세요!
여러 종류의 선박이
있어요.

선박의 종류

크루즈

고도의 방음과 방진 기술을 갖춘 고급 선박으로
관광객들의 편안한 여행을 위해 만들어졌다.

쇄빙선

얼음이 덮여 있는 수역의 얼음을 부수는 데 사용
되는 선박으로 얼음에 올라탄 뒤 배의 무게로 얼
음을 눌러 깨뜨리는 방식이다.

요트

얕은 물에서 해적을 쫓기 위해 만든 소형 배로써
17세기 초 네덜란드 해군이 만들었다.

소방선

선박에 발생한 화재를 진압하기 위한 선박으로
화재가 발생하면 날씨에 상관없이 신속히 현장에
도착해 진화할 수 있어야 한다.

자동차 운반선

자동차, 트럭 등 차량을 운반하는 선박.

컨테이너선

컨테이너를 전문으로 수송하는 선박으로 간판과
화물창에 화물을 선적해 운송할 수 있도록 설계
돼 있다.

시추선

수심 1,000 m 이상의 심해에서 석유를 시추하는 선박으로 굴착 장치에 비해 이동성이 높지만 덜 안정적이다.

유조선

액체 석유제품(석유, 휘발유 등)을 용기에 넣지 않은 상태로 산적해 대량으로 운반하는 선박.

등대선

하구나 암초 등과 같이 등대를 설치하기 어려운 곳 부근에 정박해 항로를 알려 주는 선박.

준설선

바다나 강의 바닥에 있는 흙, 모래, 자갈 등을 파내는 시설과 장비를 갖춘 선박.

예인선

다른 선박을 지정된 장소로 밀거나 끌어당겨 이동시키는 선박. 작지만 강한 추진력을 가지고 있다.

트롤선

한 번에 대량의 어류를 잡을 때 사용하는 선박. 선체 내에 급속 냉동 장치를 가지고 있다.

와, 선박의 종류가 이렇게 많은 줄 몰랐어요.

저도요! 말씀해 주신 배들 전부 다 타 보고 싶어요!

어! 그런데 저기 보이는 배는 약간 특이하게 생겼네요.

아, 저건 미국에 있는 해양 관측선인 '플립호'란다.

플립호(FLIP)호는 무게 711톤, 길이 108 m의 기다란 형태의 선박인데 90 m에 이르는 뒷부분이 텅 빈 공간이란다.

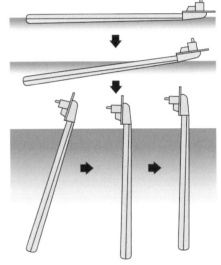

플립호

수중 음향을 연구하는 과학자들이 개발한 플립호는 지구 물리학, 기상학, 해상물리학을 조사할 목적으로 사용된다. 수선 면적을 줄여 파도의 동요와 배의 흔들림 등을 최소화해 효과적으로 수중 음향을 측정할 수 있다.

이렇게 선박은 이동수단뿐 아니라 플립호처럼 학문에 활용되기도 한단다.

수중 음향학을 위한 배가 있다니! 점점 선박의 활용 범위가 넓어지네요.

삼촌, 밖에 배가 있어요. 저 배 타고 싶어요.

저벅

저벅

우아, 실제로 배를 타 보니 생각했던 것보다 훨씬 더 크고 웅장하다!

아빠, 이렇게 큰 배가 바다 위를 항해하다가 사고라도 나면 피해가 굉장히 클 것 같아요.

저도 같은 생각을 했어요. 해양 사고는 도로 사고와 다른 부분이 많을 것 같아요.

맞아. 해양 사고는 그 원인과 종류도 다양하고 도로 사고와는 그 성격이 다르단다.

해양 사고란?

항해하던 선박에서 발생하는 사고로 선박이 배로써의 역할을 할 수 없을 정도로 멸실(滅失)되거나 선박의 구조, 설비와 관련된 사람이 사망하는 등의 사고를 말한다. 대표적인 사고는 난파와 전복 사고가 있다.

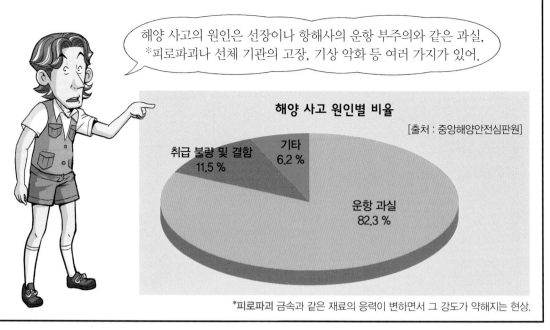

해양 사고의 원인은 선장이나 항해사의 운항 부주의와 같은 과실, *피로파괴나 선체 기관의 고장, 기상 악화 등 여러 가지가 있어.

해양 사고 원인별 비율

[출처 : 중앙해양안전심판원]

- 취급 불량 및 결함 11.5 %
- 기타 6.2 %
- 운항 과실 82.3 %

*피로파괴 금속과 같은 재료의 응력이 변하면서 그 강도가 약해지는 현상.

아, 해양 사고는 운항 과실로 인한 사고가 가장 큰 비중을 차지하고 있군요.

삼촌, 해양 사고의 원인에 따라 발생하는 사고의 종류도 다를 것 같아요.

맞아. 해양 사고는 충돌, 접촉, 좌초, 전복 등 그 종류가 아주 다양한데 알기 쉽게 하나씩 설명해 줄게.

해양 사고의 종류 ❶

- **충돌** : 항해 또는 정박 중에 다른 선박과 부딪치거나 맞붙어 닿은 것(수면 아래에서 난파선과 충돌하는 경우는 제외).
- **접촉** : 외부 물체 또는 외부 시설물에 부딪치거나 맞붙어 닿은 것(다른 선박, 해저는 제외).
- **좌초** : 해저나 수면 아래의 난파선에 배가 얹히거나 부딪친 것.
- **전복** : 선박이 뒤집히는 것으로 충돌, 좌초로 인한 전복은 제외.
- **침몰** : 다양한 이유(충돌, 폭발, 균열 등)로 선박이 침수해 가라앉는 것.

해양 사고의 종류 ❷

- **화재·폭발** : 맨 처음 사고로 인해 발생한 것으로 충돌, 좌초에 의해 발생한 것은 제외.
- **기관 손상** : 선박의 주기관 및 보조기기 등이 손상된 것.
- **인명사상** : 선박의 구조나 설비 등과 관련해 사람이 사망, 실종, 부상을 당하는 것.
- **안전 저해** : 항해 중에 해상 부유물(폐로프, 폐어망 등)이 감겨 항해를 지속하지 못하는 것.
- **운항 저해** : 선체에 손상은 없지만 항해를 지속할 수 없게 된 때.

해양 사고도 도로 사고처럼 그 종류가 많군요. 그럼 박사님, 우리나라의 해양 사고는 어떤가요?

음, 그건 지난 5년간 발생한 해양 사고 현황을 알면 쉽게 이해할 수 있을 거야.

해양 사고 발생 현황

(건, 척, 명)

[출처 : e-나라지표]

연도	사고 건수	사고 척수	인명 피해
2011년	1,809	2,139	324
2012년	1,573	1,854	285
2013년	1,093	1,306	307
2014년	1,330	1,565	710
2015년	2,101	2,362	395

■ 사고 건수　■ 사고 척수　■ 인명 피해

우리나라에서는 2011년부터 2015년까지 연평균 1,581건의 해양 사고가 발생했단다. 2013년 이후 해양 사고가 증가한 건 그동안 신고되지 않았던 기관 손상 및 어망 감김 등의 경미한 사고 때문이야. 또 2014년 인명 피해가 크게 늘어난 원인은 너무 가슴 아픈 세월호 참사 때문이지. 당시 세월호 침몰로 단원고 학생과 일반 승객 등 많은 사람들이 희생됐단다.

저도 세월호 참사를 보고 너무 슬펐어요. 다시는 그런 일이 되풀이되지 말아야겠어요.

맞아, 다시는 그런 일이 생기지 말아야지. 해양 사고를 막기 위해서는 관리와 예방이 아주 중요하단다.

삼촌, 얼마 전에 본 영화에서 돌풍이나 폭풍 때문에 배가 진복되는 장면을 봤는데요. 실제로 큰 배가 날씨 때문에 전복될 수 있나요?

그럼! 기상 악화는 선박 사고의 주요 원인 중 하나란다.

해양 사고 감소 방안

- 100만톤 미만의 소형 선박 및 어선에 대한 집중적인 안전 관리, 사고 예방 조치 필요.
- 선박 종사자의 자질 향상, 근로 환경 개선, 안전 의식 제고 등 인적 요인에 대한 대책 필요.

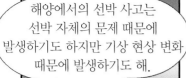

해양에서의 선박 사고는 선박 자체의 문제 때문에 발생하기도 하지만 기상 현상 변화 때문에 발생하기도 해.

실제로 '화이트 스콜'이라는 기상 현상으로 배가 침몰하기도 했어.

화이트 스콜(white squall)

무운돌풍 또는 순간돌풍이라고도 하며 잔잔한 바다에 갑자기 시속 360 ㎞ 이상의 강한 바람이 몰아치는 현상. 갑작스럽게 생긴 소나기구름이 순간적으로 만들어 낸 돌풍인 화이트 스콜은 좁은 구역에서 순간적으로 발생했다 사라지는 것이 특징이다.

해양 사고는 바다에서 일어나는 거라서 대피할 곳도 마땅히 없잖아요. 사고가 나면 피해가 클 수밖에 없겠어요.

그렇지. 실제로 발생한 선박 사고 사례들을 보면 해양 사고의 위험성과 그 피해를 실감할 수 있을 거다.

도냐 파즈호 침몰 사고

1987년 12월 20일, 필리핀 레이테섬에서 수도 마닐라로 향하던 도냐 파즈호는 오후 10시 30분경 8,800톤의 가솔린을 실은 유조선 벡터호와 충돌했다. 벡터호에 실려 있던 대부분의 가솔린이 새어나오며 벡터호와 도냐 파즈호는 불길에 휩싸였고 이내 침몰했다. 이 사고는 무려 4,375명의 사망자를 낸 끔찍한 인재로 기록됐다.

세상에! 충돌에 화재까지 발생하다니 피해자가 너무 많았겠어요.

맞아. 사고 당시 도냐 파즈호에는 탑승 가능한 인원의 3배에 달하는 4,388명이 타고 있었기 때문에 인명 피해가 엄청났어.

사고 당시 구명조끼가 들어 있는 라커는 자물쇠가 채워져 있었고 배 모니터를 지키던 인력은 수습 선원 1명뿐이었다. 선장은 자신의 방에서 TV를 보고 있었고, 다른 승무원들 역시 맥주를 마시며 TV를 보던 중 사고가 발생하자 우왕좌왕하며 제대로 대처하지 못했다.

초과한 탑승 인원에 사고 당시 미흡한 대처가 끔찍한 인명 피해로 이어진 사고였네요.

인명 피해는 없었지만 우리나라에서도 최근 발생한 해양 사고가 있단다.

아, 혹시 태안 앞바다에서 발생했던 원유 유출사고 말씀하시는 건가요?

사고지점

태안군

만리포 해수욕장

태안 오염 피해 지역

맞아. 2007년 12월 7일 태안 앞바다에서 유조선 허베이스피릿호와 해상크레인이 충돌해 기름이 유출된 사고란다. 사상 초유의 기름 유출 재난으로 기록된 이 사고는 심각한 해양 오염으로도 이어졌어.

TV에서 봤는데 너무 놀랐어요. 삼촌, 혹시라도 선박 사고가 일어나면 신속하게 대피해야 인명 피해가 그나마 덜 하겠죠?

물론이지. 해양 사고에도 골든타임이 있거든. 선박이 침몰하는 경우 초기 인명 구조에 가장 중요한 시간인 골든타임은 48시간이야.

물에 빠졌을 때 생존 가능한 시간

법의학에서 말하는 찬물에 빠졌을 때 생존 가능한 시간은 다음과 같다.

수온 0 ℃인 경우 즉시 사망하지만 최대 30분까지 생존이 가능할 수 있다. 수온 0~5 ℃에서는 최대 1.5시간, 수온 5~10 ℃에서는 3시간 이내, 10~15 ℃의 경우 6시간 이내, 15~20 ℃에서는 12시간 이내에 구출돼야 생존할 수 있다. 20 ℃ 이상의 물에서는 버틸 수 있는 체력이 있는 한계까지 생존할 수 있다.

선박 사고가 발생하면 먼저 비상벨을 누르거나 큰 소리로 사고 발생 사실을 알려야 해. 만약 화재가 발생했다면 소화기로 불을 끄고 창문을 깨 환기를 시켜야 한단다.

박사님! 해양 사고 사례들을 듣다 보니 사고가 발생하는 원인은 사람에 의한 경우가 많은 것 같아요.

맞아. 해양 사고의 근본적인 원인은 인적 오류로 인한 경우가 대부분이지.

인적 오류로 인한 사고 원인

- 기상 악화 시 지속적인 레이더 관찰 미흡 및 항해 해역에 대한 정보 업데이트 소홀.
- 주요 작업 시 인원 투입 및 긴급 상황에 대한 교육 미흡.
- 해안 관제센터 안내 부족과 긴급 상황 발생 시 상호 연락 미흡.
- 위험 구역에 대한 주의 표시 부족과 선체 구조 검사 미흡.

선박 운항 시 필요한 안전수칙이나 점검 사항 등을 철저히 확인해야 큰 참사를 막을 수 있을 것 같아요.

항해 전 준비사항을 잘 체크하고 선박 운항 시 다음과 같은 주의사항도 반드시 기억하고 있어야 사고를 줄일 수 있다는 점 잘 알겠지?

네!

끼룩

끼룩

그럼 난 새우과자를 먹어 볼까?

선박 운항 시 주의사항

- 항해 중에는 항해 보조 장비를 너무 과신하지 말고 주변을 철저하게 살피고 경계한다.
- 불완전한 상태(음주 등)에서는 절대로 조타기 조작을 하지 않는다.
- 입항 시 항만 주변 여건을 사전에 파악하고 개항 내 항법을 준수한다.
- 위험 화물이 있는 경우 적재 전에 안전관리 규정을 준수했는지 확인한다.
- 충돌의 위험이 있는 경우 충돌 경고 방송에 따라 신속하게 조치한다.

끼룩

탁

앗!

갈매기가 새우과자를 좋아하나 봐!

척~

다시 줘야겠다.

나도 새우과자을 좋아하지!

탁

엥?

끼룩

끼룩

에휴~

탁

탁

탁

쿵

쿵

자업자득이네.

으악, 내 머리. 사, 살려 줘!

SAFE

최악의 해상 참사 남영호 침몰 사고

1970년 12월 14일 오후 5시 제주 서귀항에서 승객과 선원 210명과 감귤을 싣고 출발한 남영호는 이후 제주 성산항에서 승객 128명과 화물을 추가로 싣고 오후 8시 10분경 부산항을 향해 출항했다.

서귀항을 출발할 때 남영호는 선적이 금지된 화물 창고 덮개 위에 감귤상자 400여 개를 더 쌓았고 중간 갑판 위에도 500여 상자를 더 실어 선체 중심이 15도 정도 기울어진 것으로 파악됐다.

이런 상태에서 성산항에 도착한 남영호는 승객과 화물을 더 실었다. 승객은 338명으로 정원을 초과했고 화물 역시 적재 허용량의 4배 이상 초과한 540톤에 달했다. 성산항을 떠난 후 15일 새벽 1시 15분, 전남 여수 부근 해상에서 심한 바람

이 남영호 우현 선체에 몰아쳤다.

이 바람으로 갑판 위에 쌓여 있던 감귤상자가 좌현 방향으로 쏟아졌고 이때 선체가 중심을 잃으면서 좌현으로 넘어가며 침몰이 시작됐다. 조난 신호를 받은 일본 큐슈의 해상 보안청이 이를 우리나라 해경에 알렸지만 무시당했다.

이 사고로 남영호 탑

승자 326명이 사망했고 12명이 구조됐다.

적재량을 크게 초과한 운항과 사고 후 무능한 대처로 우리나라 해상 사고 중 가장 많은 인명 피해를 낸 남영호 침몰 사고는 전형적인 인재로 기록됐다.

/ 재난뉴스 기자

재난대처방법 해양 사고

배에 탑승한 뒤

- [ ] 비상구와 탈출로, 소화기와 망치 등 비상용품 위치를 파악한다.
- [ ] 구명동의나 구명줄 등 구명 장비의 보관 위치와 사용 방법을 숙지한다.

침몰, 화재 등 비상 상황 발생 시

- [ ] 비상 상황 발생 즉시 큰 소리로 외치거나 비상벨을 눌러 최대한 많은 사람에게 사고 상황을 알린다.
- [ ] 수영을 못하더라도 물에 뜰 수 있도록 사용 방법에 맞게 구명조끼를 착용한다.
- [ ] 물속에서 탈출해야 하는 경우에는 신발을 벗는 게 움직이는 데 용이하다.
- [ ] 선내의 출입문이 열리지 않는 경우 비치된 망치로 유리창을 깨고 탈출을 시도한다.
- [ ] 헬기에서 내려 준 줄은 구명정에 묶지 않고 구조대원의 지시에 따라 탈출한다.

침몰 중인 선박에서

- [ ] 구명정의 위치를 파악하고 구명조끼를 착용한다.
- [ ] 구명정에 타지 못한 경우 다리를 쭉 펴고 한 손으로 입과 코를 막고, 다른 손은 몸 옆에 붙인 채 물속으로 뛰어든다. (이때 배에서 최대한 멀리 뛰어내린다.)
- [ ] 손을 뒤로 저으면서 구명정 또는 구조선이 있는 방향으로 헤엄친다.
- [ ] 신체가 물에 노출되면 급격히 체온이 떨어지므로 뒤집힌 배의 상부나 부유물 등을 이용해 물 밖으로 탈출한다.

구명정이 없는 경우 ❶

☐ 선박에서 탈출한 뒤 바다에 표류하는 경우 사망 원인 1위는 체
온 저하라는 사실을 기억한다.

☐ 구명조끼를 착용하고 물속에 뛰어든 경우 신속하게 육지 쪽으
로 이동한다.

☐ 주위에 부유물이 있으면 부유물을 이용해 체온이 떨어지지 않
도록 보온을 유지한다.

☐ 팔을 서로 끼고 무릎을 가슴까지 끌어올려 열 손실을 최대한 줄
인다.

구명정이 없는 경우 ❷

☐ 체온 유지를 위해 여러 벌의 옷을 겹쳐 입고 소매를 잘 여며 물
과 신체의 접촉을 최소화한다.

☐ 불필요한 자세는 취하지 않도록 주의하고 웅크린 자세로 움직
임을 최소화한다.

☐ 파도와 같은 외력으로부터 몸의 중심을 잃지 않도록 무게중심
을 낮게 한다.

☐ 주위에 표류하는 사람들이 있는 경우 팔로 다른 사람의 구명동
의를 껴안고 다리는 서로 교차한다.

☐ 삶의 의지를 유지하기 위해 서로 격려하고, 어린이가 있는 경우
에는 서로 뭉친 중앙에 있도록 조치한다.

구명정이 있는 경우

☐ 배에 더 이상 머무를 수 없는 상태일 때 최후의 수단으로 구명
정을 이용해 탈출한다.

☐ 구명정에는 기본적인 안전장비가 있으므로 식량, 식수, 통신장
비, 조난 신호탄 등을 챙겨 탑승한다.

☐ 구명정을 물에 던진 뒤 모든 사람들의 탑승을 확인한 후 구명정
과 배를 연결하는 밧줄을 끊는다.(구명정은 물에 던지면 부풀어
오른다.)

☐ 조난 신호탄과 같이 조난 신호를 보낼 때는 바람이 부는 방향
쪽에서 신호탄을 보내야 연기에 휩싸이지 않는다.

선박 충돌 및 좌초 시

☐ 선박 피해 상황을 파악한 후 응급조치를 실시한다.

☐ 사상자 확인 및 선체 화물 손상, 기름 유출과 같은 선박 피해 상황을 확인한다.

☐ 침수가 발생하면 방수나 배수 작업을 실시하고 침수 구역은 신속하게 격리한다.

☐ 좌초 범위가 확대되지 않도록 닻이나 예선을 이용해 조치한다.

☐ 구조가 필요한 경우 즉시 구조 및 지원 요청을 한다.

선박 화재 및 폭발 시

☐ 화재가 발생하면 즉시 소화기로 초기 소화하고 주위에 화재 상황을 알린다.

☐ 사고 발생 장소와 사고 상황을 신속하게 파악한 뒤 화재 종류에 따라 소화 작업을 진행한다.

☐ 인명 피해가 예상되면 즉시 인명 구조 작업을 실시한다.

☐ 화재 원인이 확인되면 전원 및 통풍 차단, 가연 물질 제거 등 화재가 확산되지 않도록 조치한다.

☐ 자체 진화가 어려울 경우 외부에 지원을 요청하고 퇴선을 준비한다.

☐ 화재가 진압되면 선체를 환기시키고 피해 상황을 파악한 뒤 복구 작업을 실시한다.

선박 기관 고장 시

☐ 비상 신호를 발령하고 고장 난 부분에 응급조치를 실시한다.

☐ 고장 상황을 파악한 뒤 선수를 가장 안전한 표류 방향으로 맞추고 닻을 내린다.

☐ 형상물을 표시하거나 법정 등화를 통해 주의환기 신호를 실시한다.

☐ 고장 원인이 파악되면 긴급하게 수리하고 자체 수리가 어려운 경우 구조나 지원 요청을 한다.

재난지식 노트

구명 장비의 종류와
구명동의 착용법에 대해
기억해요!

적도에 파도가 없는 이유

적도에서는 북반구의 북동무역풍과 남반구의 남동
무역풍이 서로 만나 상쇄되고 상승기류만 남게 되
므로 수평 방향의 바람은 거의 없는 상태가 된다.
파도가 생기려면 일정한 방향으로 바람이 꾸준히
불어야 하지만 적도 부근에서는 바람도 약하고 방
향도 일정치 않기 때문에 파도가 거의 없거나 미약
하다.

적도 근처의
바람을 보세요!

극동풍
편서풍
북동무역풍
적도
남동무역풍
편서풍
극동풍

배 멀미 증상

① 배 멀미는 개인의 체질에 따라 그 증상이 다르게 나타난다.

② 맥박의 증가 및 감소에 따라 혈압이 증가, 감소하고 이로 인해 머리
가 무겁거나 가볍게 느껴진다.

③ 머리에 혈액이 모자라거나 과하게 몰리면 호흡량이 증가 또는 감
소하면서 얼굴이 창백해지고 현기증, 졸음 등의 현상이 생긴다.

④ 위가 확장되면서 속이 메스껍고 과다한 침 분비, 소화불량 등이 생
기면서 구토를 유발한다.

배 멀미 예방법

① 시야가 넓어지도록 시선을 먼 곳에 두고 하늘이나 구름, 수평선 등
을 바라본다.

② 몸이 피곤하면 멀미 증상이 심해질 수 있으므로 충분한 수면과 휴
식을 통해 컨디션을 조절한다.

③ 평소 멀미가 심한 사람은 미리 멀미약을 먹어두는 것이 좋다.

④ 구토가 일어나면 억지로 참지 말고 물을 조금씩 나누어 마시면서
구토 현상을 완화시킨다.

구명 장비 종류 ☆ 꼭 기억하자!

구명동의(Life Jacket)

역반사 물질과 호각, 구명동의 표시등이 부착돼야 하고, 선박명 이나 소유자를 표기해야 한다.

구명부환(Life Ring)

비상시 즉시 사용 가능한 곳에 비치하고 약 30 ㎝ 이상의 구명 줄에 연결해서 보관한다.

신호홍염

기타 안전장비

선내에 GPS, 신호홍염, 자기점 화등, 예비 노 등과 같은 안전장 비를 갖추어야 한다.

구명동의 착용 방법 ☆ 꼭 기억하자!

조끼형 구명동의

❶ 조끼를 입는 것처럼 양손을 소매에 끼워 구명동의를 착용한다.

❷ 가슴끈을 단단히 조여 매고 허리끈은 당겨서 몸에 한 바퀴 돌린 뒤 단단히 묶는다.

❸ 매듭이 풀리지 않도록 목끈을 앞으로 당겨 조여 맨다.

목걸이형 구명동의

❶ 구명동의를 가슴 앞에서 펼친 뒤 목에 걸고 끈은 등 뒤로 돌려 준다.

❷ 등 뒤로 돌린 끈의 고리를 앞쪽에 있는 끈 고리에 끼워서 착용을 완료한다.

초고층과 지하재난

와~아

진짜 진짜 높다.

아빠! 끝이 보이지 않을 만큼 높은 것 같아요.

우리나라에서 제일 높은 건물이라고 해서 한 번 와 보고 싶었는데 실제로 보니까 생각보다 더 크고 높네요.

정말 그렇구나. 위에서 보는 풍경이 어떨지 궁금해지는걸!

아빠! 빨리 전망대 올라가요!

끼잉

저벅 저벅

와, 100층이 넘는데도 굉장히 빨리 올라가는군요.

슈우웅

↑1O

초고층 건물이다 보니 아파트나 일반 건물 안에 있는 엘리베이터보다 속도가 훨씬 빠를 거야.

그렇구나. 이렇게 높은 건물 꼭대기까지 순식간에 올라간다고 생각하니까 살짝 무섭네요.

그런데 박사님, 이 건물처럼 100층이 넘는 건물을 초고층 건물이라고 하는 건가요?

그렇진 않아. 초고층 건물은 보통 높이가 200 m 이상이면서 층수가 50층 이상인 건물을 말한단다.

초고층 및 지하연계 복합건축물

- '초고층 건축물'이란 층수가 50층 이상 또는 높이가 200 m 이상인 건축물을 말한다.
- '지하연계 복합건축물'이란 층수가 11층 이상이거나 1일 수용 인원이 5천 명 이상인 건축물로써 지하 부분이 지하 역사 또는 지하도 상가와 연결된 건축물을 말한다.

[출처 : 초고층 및 지하연계 복합건축물 재난관리에 관한 특별법]

아빠! 집 앞에 있는 복합 쇼핑몰도 15층이면서 지하철역과 연결돼 있으니까 지하연계 복합건축물에 포함되는 거죠?

그렇지! 우리 딸 똑똑한데!

이야~ 높은 곳에서 내려다보는 경치가 정말 좋구나.

가슴이 뻥 뚫리는 기분이에요.

그런데 아빠, 사람들은 언제부터 이렇게 높은 건축물을 짓기 시작했을까요?

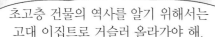

초고층 건물의 역사를 알기 위해서는 고대 이집트로 거슬러 올라가야 해.

피라미드는 이집트, 멕시코, 중국 등 여러 나라에서 발견되지만 그 중 고대 이집트의 피라미드가 유명하지.

고대 이집트의 피라미드

세계 7대 불가사의로 꼽히기도 하는 이집트의 피라미드는 기하학적으로 그 모습이 완벽하고 건축물의 수평이 굉장히 정밀하다. 특히 이집트 제4왕조 파라오인 쿠푸 무덤으로 추정되는 대피라미드는 높이 약 147 m로 1311년 잉글랜드 링컨 대성당이 세워지기 전까지 약 3800년 동안 세계에서 가장 높은 건축물이었다.

아, 이집트 피라미드가 있었네요! 고대 이집트인들은 사후 세계를 믿었기 때문에 죽은 파라오가 죽은 뒤 살아갈 왕궁을 짓는 개념으로 피라미드를 건축했다고 하더라고요.

엄청 오래된 건축물인데 아직도 그 형태가 온전하게 남아 있는 게 신기해요.

그건 피라미드가 강수와 식물이 적은 환경에 있었기 때문에 오랜 시간 풍화에도 버틸 수 있었던 거란다.

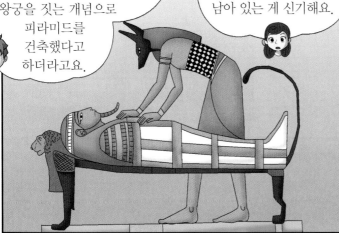

박사님, 이집트 피라미드 말고 옛날에 지어진 또 다른 건축물은 없나요?

중세부터 19세기 말까지 높은 건축물이 있었어. 대부분 교회나 성당이었단다.

14세기 초 지어진 영국의 링컨 대성당(159.7 m)은 피라미드(146.5 m)보다 높아, 세계에서 가장 높은 건축물이었어. 하지만 안타깝게도 1549년 첨탑이 무너지고 말았단다.

링컨 대성당

그래서 그 다음으로 높았던 독일 슈트랄준트에 있는 성 마리엔 교회(151 m)가 세계에서 가장 높은 건물이 됐지.

독일 성 마리엔 교회

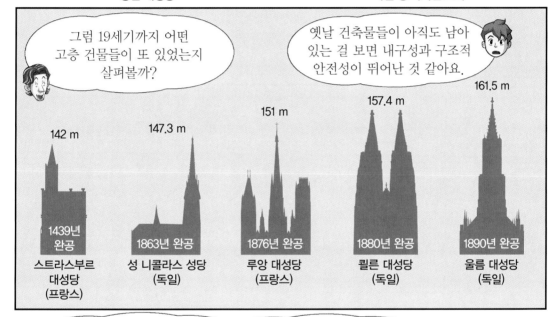

그럼 19세기까지 어떤 고층 건물들이 또 있었는지 살펴볼까?

옛날 건축물들이 아직도 남아 있는 걸 보면 내구성과 구조적 안전성이 뛰어난 것 같아요.

142 m
1439년 완공
스트라스부르 대성당 (프랑스)

147.3 m
1863년 완공
성 니콜라스 성당 (독일)

151 m
1876년 완공
루앙 대성당 (프랑스)

157.4 m
1880년 완공
퀼른 대성당 (독일)

161.5 m
1890년 완공
울름 대성당 (독일)

그렇지? 옛날 건축물 중에는 지금의 건축물과 비교해도 뒤지지 않을 만큼 뛰어난 건축 기술로 지어진 것들이 많아.

이렇게 고대, 중세를 거쳐 근대에 들어서면서 초고층 건축물은 점차 늘어나기 시작했어.

필라델피아 시청사 (미국 필라델피아, 1901년, 167 m)

크라이슬러 빌딩 (미국 뉴욕, 1930년, 319 m)

엠파이어 스테이트 빌딩 (미국 뉴욕, 1931년, 381 m)

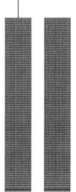

월드 트레이드 센터 (미국 뉴욕, 1973년, 417m, 2001년 파괴, 2014년 재건립)

시어스 타워 (미국 일리노이, 1974년, 442 m)

아빠, 이렇게 높은 건물이 어떻게 삐뚤어지지 않고 똑바로 서 있을 수 있을까요?

저도 평소에 그게 너무 궁금했어요.

맞아. 이런 초고층 빌딩을 직각으로 세우는 건 무척 어려운 일이야.

흔들

흔들

박사님, 보통 건물을 지을 때는 추를 이용해서 수직 상태를 유지한다고 하잖아요. 초고층 건물도 그렇게 하는 건가요?

나, 100층 이상 건물!

오, 그래. 안전이가 중요한 부분을 말해 줬구나. 일반 건설 현장에서는 추를 이용해도 되지만 100층이 넘어가면 추도 무용지물이야.

그래서 등장한 게 바로 인공위성이지!

짜~안

버즈 두바이의 경우는 네 대의 인공위성에서 보내 주는 위치 정보를 활용해 수직을 맞춘단다.

우리가 있는 이 건물 역시 국내 최초로 GPS 측량 기법을 도입해서 지어진 거야.

맞아. 인공위성뿐 아니라 초고층 건축물을 지을 때는 하중이나 강풍, 지진 등에 잘 견딜 수 있도록 다양한 구조가 사용되기도 해.

인공위성의 위치 정보를 이용해 높은 건물을 안전하고 정교하게 지을 수 있군요.

대표적인 초고층 건물의 구조는 바람을 잘 견디는 '튜브 구조'란다.

마치 튜브처럼 건물 외부를 기둥으로 둘러싸서 바람을 견딜 수 있도록 하는 구조를 말하는 거지.

음, 어떻게 튜브 구조가 바람에 견딜 수 있다는 건지 잘 모르겠어요.

강풍이 불면 나무가 부러지거나 뽑혀 나가지만, 갈대는 휘어지기는 해도 부러지지 않는 걸 생각하면 이해하기 쉬울 거야.

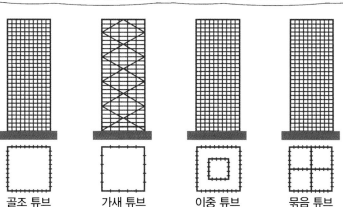

| 골조 튜브 | 가새 튜브 | 이중 튜브 | 묶음 튜브 |

튜브 구조의 종류

- **골조 튜브** : 최초의 튜브 구조로 구조물의 외곽 기둥이 횡하중과 연직하중을 동시에 지지한다.
- **가새 튜브** : 골조 튜브에 강성을 높이기 위해 구조물 외각에 가새를 설치하는 방식으로 횡력을 지지한다.
- **이중 튜브** : 내부 튜브와 외부 튜브가 함께 작용하면서 하중을 분담한다. 세로 방향의 하중을 감당하고 동시에 가로 방향의 수평력을 지탱하는 방법이다.
- **묶음 튜브** : 여러 개의 튜브를 서로 연결한 구조로 높이에도 제한이 거의 없다.

아하, 그렇구나! 그럼 우리나라 초고층 건물도 튜브 구조로 지어진 거네요!

RC코어

타워형 철골조

꼭 그렇진 않아. 우리나라의 경우는 일반적인 초고층 건물과는 다르게 복합적인 형태의 구조를 가지고 있어.

다른 나라 초고층 건물은 업무시설이 많지만 우리는 주상복합 형태가 많아 벽실 철근콘크리트(RC, Reinforced Concrete)로 된 코어와 타워형 철골조(SRC, Steel Reinforced Concrete)를 채택해. 이게 건물 무게를 줄이고 수평하중에도 효과적이지.

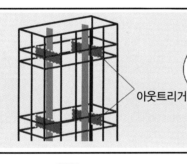

아웃트리거

또 코어와 철골조만으로 수평하중에 저항하기 어렵기 때문에 중간층과 최상층에는 아웃트리거를 설치해 하중을 부담한단다.
이건 건물 가운데 엘리베이터 코어와 건물 외관 골조를 연결해 주는 수평의 구조체지.

일반 초고층 건물에 사용하는 튜브 구조나 X자 브레이싱 구조는 외벽 창문이 작아지고 시야가 막히기 때문에 주거 공간으로 활용되는 주상복합 건물에는 적합하지 않겠군요.

그렇지! 우리나라 초고층 아파트에 RC코어와 아웃트리거 시스템이 함께 사용되는 이유는 구조적인 측면뿐 아니라 주거 공간으로써의 개방성도 고려해야 하기 때문이야.

그렇군요.

앗, 저기 봐요!

척-

휙-

왜 그래? 무슨 일 있어?

휘이이잉

파닥

파닥

새가 바람 때문에 힘들게 날고 있네요.

그러고 보니 오늘 바람이 좀 세게 불었지.

아빠, 혹시 바람 때문에 건물이 넘어지지는 않겠죠?

걱정하지 마. 아까 말했듯 바람과 지진 등에 잘 견디도록 설계돼 있단다.

정말 이렇게 강한 바람이 부는데도 이 건물은 흔들림이 없네요.

그건 바람이 일으키는 진동을 줄이기 위해 건물의 모양을 거기에 맞춰 바꿨기 때문이야.

초고층 건물의 모서리 형태, 높이에 따라 건물 단면의 형태나 단면적을 바꾸면 바람을 피해 갈 수 있지.

스 윽

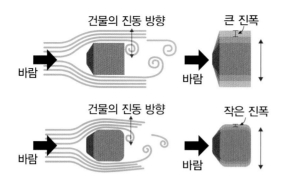

건물의 진동 방향 / 큰 진폭 / 바람

건물의 진동 방향 / 작은 진폭 / 바람

바람에 강한 초고층 건축물

건물 모서리를 둥글게 만들면 바람이 건물 벽면에 부딪히지 않고 건물 벽면을 타고 흘러나가기 때문에 바람으로 인한 진동을 줄일 수 있다. 또 건물 상층부 단면적을 줄이는 방법도 있는데, 이를 '테이퍼링 효과'(Tapering Effect)라고 한다.

아, 유선형으로 생긴 물고기가 물의 마찰을 최소화 하면서 헤엄치는 것처럼 건물 벽면의 모서리도 둥글게 만들어서 바람의 저항을 최소화하는 거군요.

역시 난 천재야!

그렇지! 아주 좋은 비유구나. 초고층 건물을 설계할 때는 설계자의 미적 취향뿐 아니라 이렇게 바람을 피하는 기술도 숨어 있단다.

으음~

박사님 이야기를 들을수록 궁금한 게 더 많아지는 것 같아요. 또 궁금한 게 있…

SAFE

잠깐! 너무 배가 고픈데, 우리 밥 먹으면서 마저 이야기하면 안 될까요?

하하

그래, 그래. 남은 이야기는 밥 먹으면서 하자꾸나.

꼬르륵

안전아, 좀 전에 전망대에서 궁금한 게 있다고 했지?

네, 초고층 건물의 엘리베이터 속도는 다 똑같은 건지 궁금했어요.

어! 나도 그게 궁금했는데, 같은 생각을 하고 있었네.

아, 맞다! 저도 궁금한 거 있는데 깜빡하고 있었어요. 낮은 건물에는 없는데 유독 높은 건물에는 회전문이 있더라고요.

이야, 다들 궁금한 게 많았구나. 하나씩 차근차근 설명해 주마.

먼저 초고층 건물의 엘리베이터 속도는 건물마다 달라. 특히 요즘은 엘리베이터 속도 경쟁이 치열하단다.

세상에서 가장 빠른 엘리베이터

우리가 최고 빨라.

빛의 속도 엘리베이터

무슨 소리. 우리가 최고지!

초고속 엘리베이터가 설치된 건물

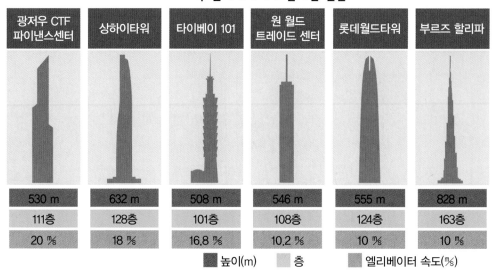

광저우 CTF 파이낸스센터	상하이타워	타이베이 101	원 월드 트레이드 센터	롯데월드타워	부르즈 할리파
530 m	632 m	508 m	546 m	555 m	828 m
111층	128층	101층	108층	124층	163층
20 ㎧	18 ㎧	16.8 ㎧	10.2 ㎧	10 ㎧	10 ㎧

■ 높이(m)　　□ 층　　■ 엘리베이터 속도(㎧)

 최근 지어지는 초고층 건물의 엘리베이터 속도는 대개 1초당 7~10 m 정도야.

일반 아파트나 상가의 엘리베이터가 1초당 1.5~1.75 m인 것과 비교하면 그 속도가 굉장히 빠르다는 걸 알겠지?

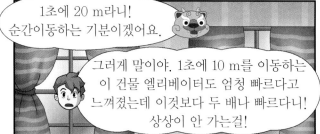

1초에 20 m라니! 순간이동하는 기분이겠어요.

그러게 말이야. 1초에 10 m를 이동하는 이 건물 엘리베이터도 엄청 빠르다고 느껴졌는데 이것보다 두 배나 빠르다니! 상상이 안 가는걸!

나중에 기회가 되면 초고속 엘리베이터가 있는 중국 초고층 건물도 가보자꾸나.

박사님, 이 건물은 지하 6층까지 있던데. 만약 지하층에서 화재가 나면 어떻게 해야 되나요?

지하도 화재가 나면 바로 화재 경보기를 누르고 소방서에 신고해야 되겠지. 무엇보다 지하에서는 연기와 열기가 빠르게 확산되니 재빨리 대피해야 한단다.

아빠, 전 지하상가에 들어가면 정말 헷갈리는데 불까지 나면 어떻게 대피해야 될지 걱정이에요.

맞아, 지하상가는 구조가 복잡하기 때문에 혼란에 빠지기 쉬워. 우선 상황에 동요되지 말고 침착해야 돼. 그리고 대체로 양방향에 비상구가 있으니 한 방향을 택해 대피하면 된단다.

네, 항상 지하상가를 갈 때마다 비상구가 어디에 있는지부터 확인해야 되겠어요.

맞아, 지하상가도 불특정 다수의 사람들이 이용하기 때문에 다양한 화재에 노출되기 쉬워. 그래서 화재 시 연소 확대를 막고 초기에 소화될 수 있도록 자동소화설비를 잘 관리해야 한단다.

아빠, 초고층 건물도 다양한 위험에 대비해 설계하고 지었겠지만, 초고층 건물로 인해 발생하는 문제들도 있을 것 같아요.

물론이야. 특히 우리나라에서는 부산에서 발생한 38층 주상복합아파트 화재 사고 이후 열섬 현상, 빌딩 사이의 돌풍, 오염 물질 누적, 연돌 효과 등 초고층 아파트의 주거환경에 대한 문제들이 제기되고 있단다.

초고층 건축물로 인한 인공 재해

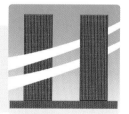

· **빌딩풍**

도심 상공의 강한 바람이 빌딩과 빌딩 사이의 좁은 공간을 통과하면서 풍속이 급격하게 높아져 강한 바람이 생기는 것을 말한다. 전문가들은 고층 빌딩이 바람의 세기를 바꾼 것이라고 분석한다.

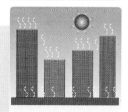

· **열섬 현상**

초고층 아파트나 빌딩이 밀집한 곳에서 폭염과 열대야 현상이 발생하고 있다. 특히 건물 사이가 좁고 건물이 높을수록 연평균 기온이 높고 열대야 현상도 심한 것으로 나타났다.

· **오염 물질 누적**

초고층 건물이 밀집돼 있는 경우 오염 물질이 초고층 빌딩 사이에 막혀 외부로 빠져나가지 못하고 쌓이게 된다.

초고층과 지하재난 ★ 129

어쩌지! 지난 여름에 시골 할아버지 댁보다 우리 집이 훨씬 더웠는데. 주변에 높은 건물들이 많아서 그랬나 봐요.

아빠, 열섬 현상이나 강한 돌풍 현상에 대해서는 알겠는데 연돌 효과는 처음 들어 봐요.

아! 연돌 효과는 어제 책에서 봤어! 그건 내가 설명해 줄게.

최근 고층 건물이 늘어나면서 연돌 효과로 인한 문제가 많이 발생하고 있어.

연돌 효과(Stack Effect)

건물 내 강한 공기의 유동 흐름을 '연돌 효과'라고 한다. 건물 내외부에서 발생하는 온도 차이 때문에 공기의 흐름이 발생하는 것이다. 굴뚝에서 보이는 공기 흐름과 비슷해서 굴뚝 효과라고도 하며 동절기에 특히 심하게 발생한다.

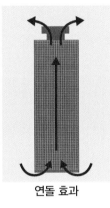

연돌 효과

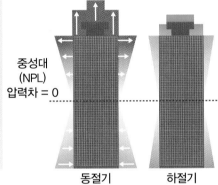

중성대 (NPL) 압력차 = 0

동절기　　　하절기

여름보다 겨울이 실내외 온도차가 커서 연돌 효과가 더 심한 거구나. 그럼 이런 연돌 효과는 왜 발생하는 거야?

연돌 효과는 건물의 높이, 건물 외벽의 기밀성, 건물 층간의 공기 누출, 건물 내외의 온도차의 함수 등이 주원인이야.

이런 연돌 효과를 방지하기 위해서는 건축을 설계하는 시점에서 구조 검토가 이뤄져야 해. 또 이중문이나 회전문을 설치해 연돌 효과의 가장 큰 원인인 공기 유출입 현상을 최소화하는 것도 좋은 방법이야.

연돌 효과로 인한 문제점

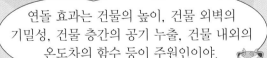

• 출입문 개폐의 어려움 및 엘리베이터 오작동.
• 침기 또는 누기에 따른 결로 발생 및 엘리베이터 소음 발생.
• 실내, 복도, 화장실 등의 환기 및 배기 설비 문제.
• 화재 발생 시 유독가스 등이 급속하게 확대(제연설비 어려움).
• 각종 하자 보수로 인한 비용 증가.

초고층 건물에서 불이 나면 높이 때문에 빨리 진압하기도 힘들 텐데, 연돌 효과로 발생하는 공기가 화재를 더 확산시키면 피해도 크겠네요.

뭐가 걱정이야? 소방차에 있는 사다리차로 불을 싹 꺼버리면 되지.

흠, 초고층 건물의 경우 사다리차가 올라가는 데 한계가 있단다.

고가사다리 소방 차량과 살수차

우리나라의 각 소방서가 보유한 고가사다리 소방 차량은 17층까지 접근할 수 있고, 살수차의 경우 15층까지 접근이 가능하다. 이 장비로는 초고층 건축물은 물론이고 30층 이상, 높이 120 m 이상의 고층 건축물의 화재 진화 작업도 불가능하다. 현재 전국에서 가장 높은 화재 진화용 고가사다리차는 25층(68 m) 높이로 부산시가 유일하게 1대 보유하고 있다. 초고층 건축물에서 발생하는 화재 진화를 위해 물을 고압으로 분사할 수 있는 소방헬기 도입을 검토했지만 위험성이 높은 반면 실효성이 낮아 도입을 포기했다.(2017년 기준)

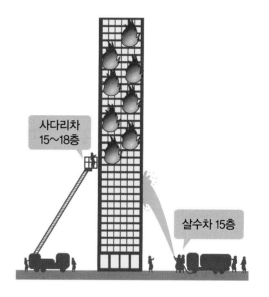

사다리차 15~18층

살수차 15층

사다리차가 아주 높은 곳까지 올라갈 수는 없구나.

초고층 건물에서 화재와 같은 재난이 발생하면 신속하게 대피해야 피해를 최소화할 수 있겠네요.

그래서 초고층이나 지하연계 복합건축물에는 그에 맞는 피난 시설이 있단다.

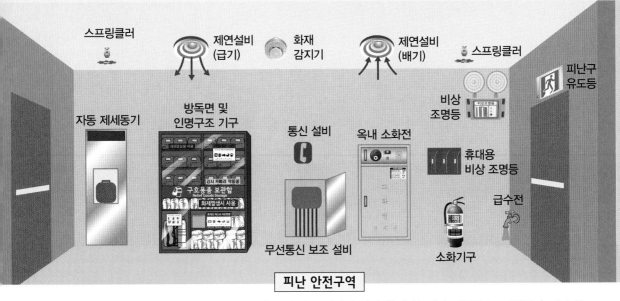

피난 안전구역

- **초고층 건축물** : 지상층으로부터 최대 30층마다 직통 계단과 연결된(피난층이나 지상층으로 통하는) 피난 안전구역을 1개소 이상 설치.
- **준초고층 건축물** : 전체 층수의 절반에 해당하는 층으로부터 상하 5개층 이내에 피난 안전구역 1개소 이상 설치.
  ※ 건축법시행령 제 34조제3항
- **지하연계 복합건축물(6층 이상, 29층 이하)**
  – 지상층 : 층별로 거주 밀도가 제곱미터당 1.5명을 초과하는 층은 용도별로 전체 면적의 $\frac{1}{10}$에 해당하는 면적을 피난 안전구역으로 설치.
  – 지하층 : 면적 산정 기준에 따라 피난 안전구역을 설치하거나 선큰 설치.

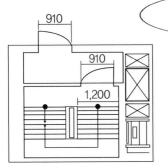

이렇게 건축물 종류에 따라 피난 안전구역도 그 기준에 맞게 설치해야 하고 출입문 유효 폭도 정해져 있어.

특별 피난 계단

- 출입문 유효 폭 최소 910 mm 이상 확보, 개방각도 90도 이상으로 확보, 계단 너비 1,200 mm 이상으로 설치.
- 층별 피난 계단실까지 최소 보행 거리 : 피난층 거실에서 옥외 출구까지 100 m 이내, 피난층 계단에서 옥외 출구까지 50 m 이내, 피난층 외 층의 거실에서 계단까지 50 m 이내로 설치.

이뿐만 아니라 재난 시 피난할 때는 층별 소요 시간과 전관 피난 소요 시간을 미리 검증해 가용한 시간 내에 피난할 수 있는지 반드시 확인해야 하지.

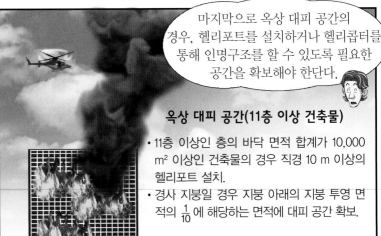

마지막으로 옥상 대피 공간의 경우, 헬리포트를 설치하거나 헬리콥터를 통해 인명구조를 할 수 있도록 필요한 공간을 확보해야 한단다.

옥상 대피 공간(11층 이상 건축물)

- 11층 이상인 층의 바닥 면적 합계가 10,000 m² 이상인 건축물의 경우 직경 10 m 이상의 헬리포트 설치.
- 경사 지붕일 경우 지붕 아래의 지붕 투영 면적의 $\frac{1}{10}$에 해당하는 면적에 대피 공간 확보.

박사님, 좀 전에 말씀하신 38층 주상복합아파트 화재 사건은 뭔가요?

2010년 10월 1일에 부산에서 일어난 초고층 건물 화재 사고였지.

우신골드스위트 건물 화재 사고

지상 38층, 지하 4층 규모의 우신골드스위트 오피스텔(68,917 m²)은 근린생활시설과 주거용으로 사용되던 건물로 주변은 고층 건물이 밀집해 있었다. 화재는 지상 4층 미화원 작업실에서 처음 발생했고 외장재(폴리에틸렌)에 옮겨 붙으면서 30분 만에 옥상까지 확산됐다. 이 화재로 순식간에 타 버린 외장재 잔해가 인근 도로로 떨어졌고 건물 주변 역시 화재 피해로 아수라장이 됐다.

일반 건물에 비해 초고층 건물은 피난 시설이나 재해 방지 대책이 종합적으로 이뤄지지 않으면 큰 피해를 초래할 수 있다는 점, 꼭 기억해야겠어요.

자자, 전망대도 보고 맛있는 밥도 먹었으니 이제 집으로 돌아갈까?

어! 회전문이 갑자기 멈췄어! 나 갇힌 것 같아!

으이구! 자동 회전문은 손으로 만지면 사고 위험 때문에 정지한다고! 얼른 유리에서 손 떼.

난 또 고장 난 줄 알았네.

동탄 주상복합아파트 화재 사고

2017년 2월 4일 오전 11시경 경기도 화성시 동탄에 위치한 고층 주상복합아파트에서 화재가 발생했다.

이 건물은 상가 A, B동 2개와 주거 A, B, C, D동 4개로 돼 있었다. 불은 주거동 C, D동과 연결된 상가 건물 3층 어린이 놀이 시설에서 발생했다.

당시 3층 어린이 놀

이 시설은 철거 중이었으며, 절단기로 철골 구조물 등을 자르는 과정에서 튄 불이 가연성 물질로 옮겨가면서 화재가 발생한 것으로 밝혀졌다. 어린이 놀이 시설 내부는 스티로폼으로 만들어진 설치물들이 많았고, 가연성 스티로폼이 빠르게 연소되면서 유독성 가스를 배출했다.

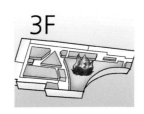

이 화재로 이 건물에 거주하던 주민 100여 명이 급하게 대피했고, 이

중 40여 명은 연기를 마셔 병원에서 치료를 받았다. 건물 수색 중 발견된 여성 1명과 남성 3명은 병원으로 이송됐지만 모두 사망했다.

화재 발생 원인 조사 중 경보기, 유도등, 스프링클러 등은 작동이 정지돼 있다가 화재 직후 다시 켠 것으로 확인됐고 대피 방송은 화재 발생 20여 분이 지난 뒤에 이

뤄진 것으로 밝혀졌다.

실제 연소된 면적은 넓지 않지만 50여 명의 사상자를 낸 이 화재 사고는 철거 과정에서 안전 수칙을 지키지 않아 발생한 인재로 기록됐다.

/ 재난뉴스 기자

재난대처방법 초고층과 지하재난

초고층 건물 화재 발생 시

□ 즉시 화재경보기를 누르고 119에 신고한 뒤 탈출한다.

□ 반드시 화재 발생 구역의 문을 닫고 탈출한다.

□ 연기를 마시지 않도록 물에 적신 옷이나 수건 등으로 입과 코를 막고 대피한다.

□ 가까운 피난 계단이나 피난 안전구역으로 이동한다.

초고층 건물 승강기 사고 시

□ 당황하지 말고 비상벨을 눌러 고장 상황을 신고한다.

□ 비상벨을 통한 응답이 없으면 119에 신고해 갇혀 있는 건물 이름과 승강기 번호 7자리를 알려주고 구조를 기다린다.

□ 엘리베이터 문을 억지로 열려고 하지 말고 구조를 기다린다.

초고층 건물 지진 발생 시

□ 즉시 주변 책상이나 테이블 밑, 개방된 장소로 이동해 진동이 멈추기를 기다린다.

□ 진동이 멈추거나 자신이 걸을 수 있는 정도의 진동인 경우에는 재빨리 피난 계단으로 대피한다.

□ 최초 진동이 지나간 뒤 본인의 몸 상태를 확인하고 전기기계 및 가스밸브 등을 잠근 후 피난 계단을 통해 외부로 탈출한다.

지하연계시설 화재 발생 시

□ 화재경보기를 누르고, 소방서에 신고한다.

□ 방향 감각을 상실할 수 있으니 침착하게 행동한다.

□ 양방향 측면에 대체로 비상구가 있으니 한 방향으로 대피한다.

□ 화재가 급속도로 확산되므로 공기가 유입되는 방향으로 대피한다.

재난지식 노트

세계 곳곳에 있는 초고층 건물을 기억해요!

초고층 건물이란?

초고층 건물은 건물의 높이, 층수에 따른 기준으로 구분돼 있지 않고 관점에 따라 상대적으로 정의된다.

 한국 : 내진설계에 의한 구조안전 확인 대상물이면서 21층 이상인 경우.

 미국 : 건물 용적률이 그 지역 평균과 비교했을 때 상대적으로 높은 경우, 수직교통을 위한 기계설비가 사용되는 경우, 일반적인 저층 건물에서 사용되는 것과 다른 방법의 공법과 기술이 요구되는 경우.

 일본 : 지상 20층 이상의 건물 또는 건축기준법시행령 제81조 2에 근거해 높이가 60 m를 초과하는 경우.

※ 국제고층건물학회에서는 50층 이상을 초고층 건축물로 정의하고 있다.

초고층 건축의 배경

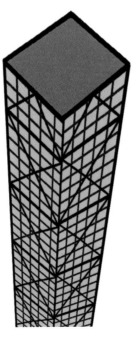

초고층 건물이 늘어난 이유를 살펴봅시다!

1900년대에 이르러 인구의 도시 집중, 복잡화 현상이 가속화됐다. 이로 인해 도시 내의 제한된 건축 부지를 효율적으로 이용하고 도심의 역할을 분산시켜 수직적으로 확장, 분화시킬 필요가 있었다. 이러한 사회·경제적 요구에 따라 1930년대 이후 초고층 빌딩 건설이 급속히 늘기 시작했다. 초고층 건물은 도시 공간의 효율적 활용뿐만 아니라 도시 경관과 시각적 아이덴티티(identity), 도시 활동성 등을 고려한 하나의 수직도시(verticalcity)로써의 의미도 있다.

미국을 비롯한 구미 선진국은 1930년대부터 100층 이상의 초고층 건물을 짓기 시작했고 1970~80년대에 이르러 재개발 대형 사업 형태로 주거, 업무 쇼핑 등이 결합된 복합 빌딩을 건설했다. 아시아의 경우 1980년대 말부터 홍콩을 비롯한 극동아시아권 국가에서 도시개발 목적 이외에 상징적인 의미를 부여하기 위해 초고층 건축물을 건설하기 시작했다.

세계 초고층 건물 현황 ⭐ 꼭 기억하자!

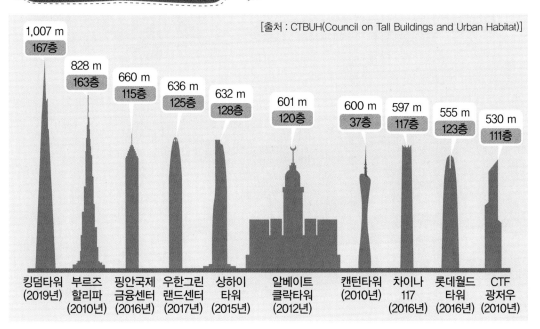

[출처 : CTBUH(Council on Tall Buildings and Urban Habitat)]

킹덤타워 (2019년)	부르즈 할리파 (2010년)	핑안국제 금융센터 (2016년)	우한그린 랜드센터 (2017년)	상하이 타워 (2015년)	알베이트 클락타워 (2012년)	캔턴타워 (2010년)	차이나 117 (2016년)	롯데월드 타워 (2016년)	CTF 광저우 (2010년)
1,007 m 167층	828 m 163층	660 m 115층	636 m 125층	632 m 128층	601 m 120층	600 m 37층	597 m 117층	555 m 123층	530 m 111층

킹덤타워(사우디아라비아)	높이 1,007 m, 지상 167층으로 2019년 완공 예정이다.
부르즈 할리파 (아랍에미리트 두바이)	현재 완공된 초고층 빌딩 중 가장 높은 건물로 첨탑을 포함해 828 m (163층)다.
핑안국제금융센터(중국)	높이 660 m, 지상 115층으로 전망대와 오피스 등을 갖추고 있다.
우한그린랜드센터(중국)	높이 636 m, 지상 125층으로 중국의 그린랜드 그룹인 우한의 지사로 쓰일 계획이다.
상하이타워(중국)	높이 632 m, 128층으로 2015년에 완공됐으며, 건물 형태는 비상하는 용을 형상화했다.
알베이트 클락타워 (사우디아라비아)	높이 601 m로 세계에서 6번째로 높지만 시계탑이 있는 건물 중에는 가장 높다.
캔턴타워(중국)	높이 600 m, 방송 전파용 타워로 광저우타워라고 불리기도 한다.
차이나117(중국)	높이 597 m, 117층으로 중국의 금융회사인 골든 파이낸스 그룹의 텐진 본사로 쓰이고 호텔과 주거 시설로도 쓰일 예정이다.
롯데월드타워(한국)	높이 555 m, 지상 123층으로 2016년에 완공됐으며 전망대, 호텔, 오피스텔, 쇼핑몰 등이 들어서 있다.
CTF 광저우(중국)	높이 530 m, 111층으로 저우다푸의 광저우 지사와 사무실, 호텔 등이 있고, 꼭대기 111층에는 전망대가 설계돼 있다.

6 수도 (식용수)

빠ー앙

빵ー

아~함

얘들아, 잘 찾아왔구나.

타라닥

박사님! 그런데 저희를 왜 여기로 부르셨어요?

오늘 여기서 약속이 있는데 너희들도 정수시설에 대해 배우면 좋을 것 같아서.

난 또 그냥 놀러온 줄 알았네. 저는 이만 가 볼게요.

쳐ー

너 더러운 물이 어떻게 깨끗한 물로 변하는지 궁금하다고 했잖아! 오늘 확실하게 배워둬.

그래, 다들 따라오렴.

찌익

아앗

애들아, 너희들 어떤 물을 '먹을 수 있는 물'이라고 하는지 알고 있니?

음, 우리 몸속에 들어가니까 깨끗한 물을 말하는 거 아닌가요?

아! 마트에서 파는 생수요!

둘 다 틀린 건 아닌데 먹는 물 관리법 제3조에 의하면, 먹는 데 통상적으로 사용하는 자연 상태의 물, 자연 상태의 물을 먹기에 적합하도록 처리한 수돗물, 먹는 샘물, 먹는 염지하수(鹽地下水), 먹는 해양심층수(海洋深層水) 등을 말한단다.

- **샘물** : 암반대수층(岩盤帶水層)의 지하수 또는 용천수와 같이 수질 안정성을 지속할 수 있는 자연 상태의 깨끗한 물을 먹는 용도로 사용할 원수(原水).
- **먹는 샘물** : 물리적 처리 방법 등을 통해 샘물을 먹기 적합하도록 제조한 물.
- **염지하수** : 물속 염분 등의 함량이 환경부령이 정하는 기준 이상이면서 암반대수층 안의 지하수(수질 안정성을 지속할 수 있는 자연 상태의 물을 먹는 용도로 사용할 원수).
- **먹는 염지하수** : 물리적 처리 방법 등을 통해 염지하수를 먹기 적합하도록 제조한 물.
- **먹는 해양심층수** : 물리적 처리 방법 등을 통해 해양심층수를 먹기 적합하도록 제조한 물.

「해양심층수의 개발 및 관리에 관한 법률」 제2조 제1호

먹는 물 종류에 따른 위치

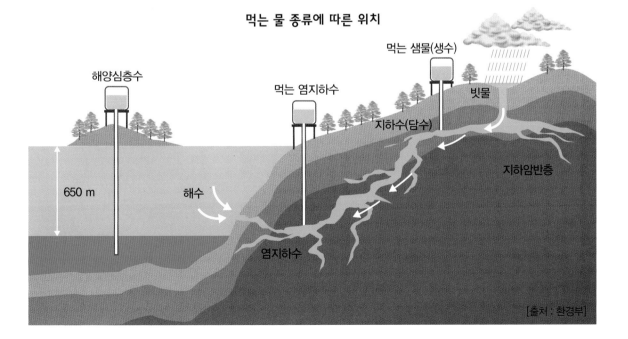

[출처 : 환경부]

우리가 먹을 수 있는 물의 종류가 정말 많네요.

맞아. 물의 성분이나 물이 있는 위치, 처리 방법 등에 따라 여러 가지로 분류되는 거야.

삼촌, 그럼 마트에서 파는 생수는 먹는 샘물인 거죠?

A회사 먹는 샘물 / 먹는 샘물
B회사 먹는 샘물 / 먹는 샘물
C회사 먹는 샘물
D회사 먹는 / 먹는 샘물

그렇지! 보통 판매되는 생수 대부분은 먹는 샘물에 포함된다고 보면 돼.

박사님, 그럼 물이 오염됐다는 건 먹을 수 없는 상태가 되었다는 뜻인가요?

음, 꼭 그렇지만은 않아. 수질오염은 단순히 식수로써 사용하지 못하는 것뿐 아니라 사용하고자 하는 용도로 물을 이용할 수 없는 경우라고 생각하면 돼.

오염된 물

사용 금지

삼촌, 집에서 사용하는 물도 물리적 처리 방법을 통해서 정화된 물인 거죠?

맞아, 우리 조카가 수돗물에 대해서 궁금한가 보구나. 그럼 수돗물이 만들어지는 과정을 살펴볼까?

수돗물 만드는 과정

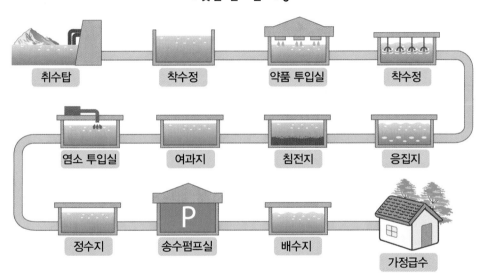

취수탑 → 착수정 → 약품 투입실 → 착수정

염소 투입실 ← 여과지 ← 침전지 ← 응집지

정수지 → 송수펌프실 → 배수지 → 가정급수

와아, 수돗물이 이렇게 복잡한 과정을 거쳐서 만들어지는지 몰랐어요.

헉—

취수장에서 수돗물의 원료인 원수를 끌어오면 착수정에서 수량이 조절된다. 이 물에 화학약품을 넣어서 미세입자를 가라앉히면 위쪽의 맑은 물이 여과지를 통과하면서 깨끗하게 걸러지는 거야.

그리고 맛과 냄새를 개선하기 위해 정수 처리를 거친 뒤 소독을 위해 염소를 투입하면 위생적이고 안전한 수돗물이 만들어진단다.

아하, 이렇게 만들어진 수돗물이 배수지에 저장됐다가 가정으로 보내지는 거군요.

맞아. 생산된 수돗물을 가정이나 필요한 곳에 공급하는데, 생산·공급 시설을 통틀어서 상수도라고 하는 거야.

깨끗한 수돗물을 위해서 이렇게 많은 절차와 과정이 필요했다니. 항상 감사한 마음으로 물을 아껴 써야겠어요.

맞아. 게다가 요즘 전 세계적으로 물이 부족하다고 하잖아.

그래, 나라별로 조금씩 차이가 있기는 하지만 세계적으로 물 부족 현상이 가속화되고 있어. 이런 현상은 국가별 물 빈곤지수를 보면 좀 더 이해가 빠를 거야.

물 빈곤지수는 0~100 사이의 값을 가지는데, 이 지수를 'WPI'라고 한단다.
WPI가 0에 가까울수록 수자원 여건이 좋지 않다고 보면 돼.

국가별 물 빈곤지수

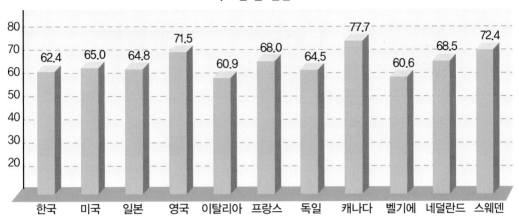

한국	미국	일본	영국	이탈리아	프랑스	독일	캐나다	벨기에	네덜란드	스웨덴
62.4	65.0	64.8	71.5	60.9	68.0	64.5	77.7	60.6	68.5	72.4

[출처 : '물과 미래', 2013 세계 물의 날 자료집(국토교통부, K-water)]

삼촌, 물 빈곤지수에서 우리나라는 하위권에 있네요.

이 자료에 따르면 우리나라 물 빈곤지수는 조사한 147개국 중에서 43위 수준이고, OECD 29개 국가 중에서는 20위야. 선진국에 비하면 낮은 수준이지.

그리고 수자원 여건에 대한 판단은 단순히 물의 양을 가지고 측정하는 건 아니야.

음, 나라별 수자원 여건은 물 이용량뿐만 아니라 사용 가능한 수자원량과 수자원에 접근할 수 있는 시설 등 종합적인 관점에서 파악을 해야겠네요.

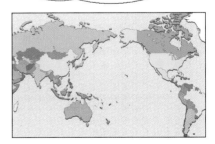

※ 1인당 가용 수자원량 : 수자원 여건을 판단할 수 있는 지표. 물이 부족해도 1인당 물 사용량이 적으면 물 부족 현상이 발생하지 않고, 반대로 물이 풍족해도 물을 사용할 수 있는 기반시설 등이 없으면 물 부족 현상이 발생할 수 있다.

삼촌 말씀을 들어보니까 물 부족이 심해질수록 국가 간에 싸움이 일어날 수 있을 것 같아요.

A나라

B나라

맞아요! 강이나 하천이 나라와 나라 사이를 흐르는 경우도 많잖아요.

좋은 지적이야. 실제로 전 세계적으로 300개가 넘는 강이 두 국가 이상에 걸쳐 흐르고 하천 주변에 많은 인구가 분포하고 있기도 해.

국제 공유 하천을 둘러싸고 발생하는 분쟁은 국제적 문제 중 하나로 오래 전부터 현재까지 이어져 오고 있어.

1972년 스웨덴에서 UN 인간환경회의가 개최됐고, 그 이후로 1977년 UN 마르텔플라타 물 회의(아르헨티나), 1992년 리우환경개발회의(브라질), 2002년 지구정상화 회의(남아프리카공화국), 2006년 제4차 세계물포럼 각료회의(멕시코)에 이르기까지 물과 환경 문제에 대한 국제적인 합의와 개선을 위한 노력이 진행되고 있다. 이제 물 문제는 세계적인 노력 없이 어느 한 국가만의 의지로는 해결이 어려운 상황이다.

또 미래학자 앨빈 토플러가 3차 세계대전이 일어난다면 그건 핵전쟁도 아니고 종교 분쟁도 아닌 '물 전쟁'이 될 거라고 예측했지.

그런데 박사님, 옛날에는 멀리 냇가나 하천에서 물을 길어 오거나 마을에 있는 우물을 사용했잖아요. 우리나라 사람들은 수돗물을 언제부터 사용했던 걸까요?

우리나라 수돗물의 역사에 대해 말하기 전에 최초의 수도가 언제 생겨났는지부터 설명해 줄게.

수도라는 개념을 처음 생각하고 설계한 사람은 로마의 아피우스 클라우디우스야.

당시 재무관이었던 아피우스는 로마 국고의 일부를 사용할 수 있었는데 이때 공익사업의 일환으로 수도를 설계하고 건설한 거지.

아피아 수도(Aqua Appia)

세계 최초의 수도로 아피우스의 이름을 따서 아피아 수도라고 불렸다. 수도 전체 길이 16.6 ㎞ 중 대부분이 지하에 건설됐는데, 덕분에 동물의 배설물과 오염으로부터 위생적인 물을 공급할 수 있고 수온이 낮아 물이 부패할 가능성도 줄어든다. 무엇보다 전쟁 시 물에 독극물을 타는 걸 막을 수 있고 적군에게 물 공급을 차단할 수 있는 장점도 있다.

와, 몇 천 년 전에 수도가 있었다는 것도 신기한데 굉장히 과학적으로 수도 시설을 건설했군요.

스윽

척-

그렇지? 이런 장점들 때문에 로마에서는 아피아 수도 이후에 건설된 상수도 시설 대부분이 지하에 건설됐단다.

삼촌, 로마의 수도는 자연에서 흐르는 물을 도시에 공급하는 시설이잖아요. 지금처럼 물을 정화해서 사용한 건 언제부터예요?

오~ 아주 날카로운 질문인데! 이건 안전이도 알 것 같구나. 안전아, 설명해 줄 수 있겠니?

물론이죠!

위생적인 수돗물은 산업혁명 이후 영국에서부터 생산되기 시작했어.

완속사 여과법

오염된 물

모래

자갈

산업혁명 이후 급격한 생산 활동 증가와 도시의 인구 집중은 심각한 하천 오염을 발생시켰다. 하천 오염으로 각종 *수인성 전염병이 증가하면서 영국은 위생적인 수돗물 생산을 목적으로 1804년 파슬리(Paisley)가 완속사 여과법(Slow Sand Filtration)을 시작했다. 완속사 여과법은 영국식 여과법이라고도 하며 물이 모래층을 투과하면서 자연스럽게 여과되는 방식을 말한다.

*수인성 전염병 주로 오염된 물로 인해 전염되는 질병으로 콜레라, 장티푸스, 세균성 이질 등이 있다.

완속사 여과법과 반대로 급속사 여과법도 있는데, 이 방식은 현재 세계 각국에서 많이 사용하는 방법이야.

급속사 여과법 : 1884년 미국의 하이얏(A. Hyatt)이 황산철을 사용하는 응집법을 개발하면서 시작된 방식으로 미국식 여과법이라고도 한다. 이 여과법은 물에 약품을 투입해서 이물질을 뭉치게 한 뒤 가라앉혀서 여과시키고 염소 소독을 하는 방식이다.

아하~ 영국에서 정화된 수돗물을 사용하기 시작했군요.

그리고 지금 우리가 사용하는 방식은 미국식 여과법과 비슷한 거고요!

그렇지! 자, 이제 안전이가 궁금해했던 우리나라 수돗물에 대해 알아볼까?

우리나라 수돗물의 역사를 알아보려면 1903년으로 거슬러 올라가야 해.

서울 상수도의 시작

고종황제는 1903년 12월 9일 미국인 콜보란과 보스트위크에게 상수도 부설과 경영에 관한 특허를 주었다. 이후 대한수도회사가 이 특허권을 양도받아서 1906년 8월 초에 뚝도정수장 공사에 들어갔고 1908년 8월에 준공됐다. 뚝도정수장이 준공되면서 같은 해 9월 1일부터 하루 1만 2,500㎥씩 급수를 시작했다.

당시 한강물을 서울 시내로 끌어들이기 위해 수도관을 매설하는 모습은 한국인들에게 굉장히 생소하게 다가왔어.

시간이 흘러 일제강점기가 되면서 상수도 경영권은 잠시 일본인이 운영하는 재벌회사에 넘어갔다가 1922년 3월 31일 경성부에 속하게 됐지.

아, 상수도가 생긴 시기가 일본이 침략했던 때와 겹치는군요. 그래도 상수도 시설이 점차 확대되면서 서민들이 조금은 편해졌을 것 같아요.

상수도 시설이 일상생활에 큰 변화를 가지고 왔지만 그렇다고 모두가 편의를 누릴 수 있었던 건 아니야.

상수도 보급으로 인한 변화

당시 경성에서는 우물 근처에서 빨래나 설거지를 하는 등 물이 오염되기 쉬운 환경이었고 제대로 관리도 되지 않았다. 또 한강이나 주변 하천에서 길어다 쓰던 물 역시 상류에서 흘러든 오물 때문에 식수로 사용하기는 부적합했다. 경성에 상수도 시설 보급이 확대되면서 생긴 가장 큰 변화는 수인성 전염병이 크게 줄었다는 점이다. 수도의 보급으로 먹는 물에 대한 관리가 가능해지면서 주민들의 건강 상태가 크게 좋아졌다.

상수도의 선택적 보급

일제강점기에 수도 급수 혜택은 일본인들이 가장 많이 누렸다. 상수도를 비롯한 각종 사회기반시설은 현재 충무로 일대를 중심으로 한 남촌의 일본인 거주 지역에 우선적으로 건설됐다. 한국인의 경우 일부 부유층만이 이용할 수 있었기 때문에 당시 경성에 살던 대다수의 한국인들은 각 가정의 우물이나 공동 우물을 사용했다.

다른 것도 아니고 물은 인간에게 꼭 필요한 건데, 물조차 모두가 똑같이 사용할 수 없었다니 너무 안타까워요.

그래, 일제강점기는 많은 부분에서 불합리하고 불공정한 시대였어. 지금은 우리나라 국민 대다수가 상수도 시설을 편하게 사용할 수 있단다.

삼촌, 정화 과정을 거쳐서 물이 공급되기는 하지만, 상수도를 통해 들어오는 물이 항상 깨끗할 수는 없을 것 같아요.

그렇지. 그래서 우리나라에서는 상수원 보호 구역을 지정해서 수질을 보전하고 있어.

여기는
상수원 보호구역
입니다.

신고 및 문의처
00시장
전화번호 : 000-0000

상수원은 음용하거나 공업용 등으로 제공하기 위해 취수 시설을 설치한 지역의 하천, 호수, 지하수 등을 의미해.

상수원 보호구역

환경부 장관은 상수원 확보와 수질 보전을 위해 필요하다고 인정되는 지역을 상수원 보호구역으로 지정 또는 변경할 수 있다.

어! 정수장 오면서 저 표지판 봤어요! 아, 그런 뜻으로 세워진 거였구나.

그럼 표지판이 세워져 있는 강이나 하천에는 오염물질을 함부로 버리면 안 되겠네요.

당연하지! 그래서 상수원 보호구역으로 지정된 지역에서는 다음과 같은 행위를 규제한단다.

상수원 보호구역 규제 사항

• 수질 오염물질, 유해 화학물질, 농약, 폐기물, 가축분뇨 등을 버리는 행위
• 가축을 기르거나 농작물을 경작하는 행위
• 어류나 패류를 잡거나 양식하는 행위
• 수영, 목욕, 세탁 및 야외 취사 행위
• 자동차 세차나 뱃놀이 행위

이뿐 아니라 건축물을 짓거나 나무 벌채, 토지 굴착 등의 행위가 필요한 경우 반드시 관할 담당기관에 허가를 받거나 신고해야 하지.

| 1970년대 수동식 펌프 보급 | 1980년대 아동 생존 캠페인 | 1990년대 펌프 우물 설치 보급 | 2015년 기준 안전한 식수를 마시는 인구 비율 91% |

유니세프의 안전한 식수 공급을 위한 노력

노상 배변이나 불량한 위생 상태, 오염된 식수로 인해 많은 어린아이들이 전염병과 기생충으로 인한 질병에 노출돼 있다. 이는 어린이들의 성장에 큰 손실을 준다. 뿐만 아니라 개발도상국의 많은 어린이들이 부족한 식수를 구하기 위해 학교에 가지 못하고 있다.

유니세프의 지원 아래 많은 비정부기구들이 이런 상황을 해결하기 위해 국제적으로 노력하고 있다. 그 결과 1990년 이후 약 26억 명의 사람들이 안전한 식수를 사용할 수 있게 됐다. 특히 5세 미만 어린이들이 설사병으로 인해 사망하는 것을 줄일 수 있었다. [출처 : 유니세프 한국위원회]

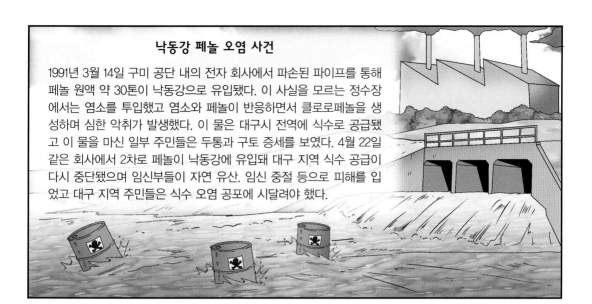

낙동강 페놀 오염 사건

1991년 3월 14일 구미 공단 내의 전자 회사에서 파손된 파이프를 통해 페놀 원액 약 30톤이 낙동강으로 유입됐다. 이 사실을 모르는 정수장에서는 염소를 투입했고 염소와 페놀이 반응하면서 클로로페놀을 생성하며 심한 악취가 발생했다. 이 물은 대구시 전역에 식수로 공급됐고 이 물을 마신 일부 주민들은 두통과 구토 증세를 보였다. 4월 22일 같은 회사에서 2차로 페놀이 낙동강에 유입돼 대구 지역 식수 공급이 다시 중단됐으며 임신부들이 자연 유산, 임신 중절 등으로 피해를 입었고 대구 지역 주민들은 식수 오염 공포에 시달려야 했다.

삼촌, 페놀이 염소랑 섞이면 독성 물질이 되는 건가요?

페놀이 소독에 쓰이는 염소와 만나면 화학반응을 일으켜서 클로로페놀이라는 물질이 생성되는데, 이 물질은 페놀의 300~500배에 달하는 불쾌한 냄새가 나지.

클로로페놀

클로로페놀의 독성은 인간의 중추신경에 영향을 주고 암을 유발한다고 알려져 있다. 다량의 클로로페놀을 흡수하면 소화기계 점막 손상, 구토, 경련과 같은 급성 중독 증상을 일으킨다. 페놀 증기를 마시게 되면 목과 코가 타는 듯한 증상과 함께 기침, 두통, 설사, 호흡 곤란 등의 증상이 나타나고 눈에 들어가면 시력 감퇴, 화상, 각막 혼탁 등의 증상을 보인다.

이 사고 때문에 일부 기업에서 비용 절감을 이유로 오염물질을 무단 방류한다는 것이 알려졌고, 이후 환경문제에 대한 국민들의 경각심이 높아지는 계기가 됐어.

페놀 불법
규탄

놀 공장
추방

선생님!
우리는 맑은물을 먹고싶어요.

삼촌, 이런 비슷한 사고가 일본에서도 있지 않았어요?

일본의 중금속 오염 사건 말이구나.

오염수가 사람에게 미치는 과정

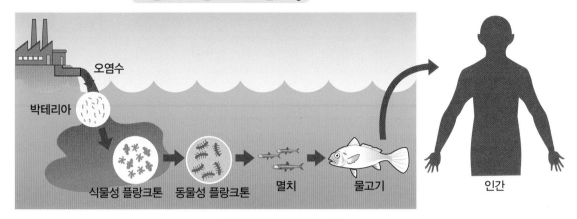

일본 중금속 오염 사건

1956년 일본 구마모토 현 미나마타에서 조개와 어류를 먹은 주민들에게 집단적으로 수은중독 현상이 발생했다. 당시 미나마타 만에 있던 염화비닐 공장에서 수은이 포함된 폐기물을 바다에 방류했다. 폐기물에 있던 수은은 박테리아에 의해 강한 독성을 가진 메탈수은으로 변형돼 조개나 어류 속에 농축됐다. 메탈수은이 농축된 조개나 어류를 먹은 주민들은 언어, 청력, 신경 장애 등의 증상을 보였고 이를 '미나마타병'이라고 불렀다.

자, 그럼 취수장부터 견학해 볼까?

네!

오늘 견학이 많은 공부가 됐니?

네, 박사님.

식수시설이 제대로 갖춰져 있어서 우리가 질병에 걸리지 않는다는 걸 알았어요!

휘릭

SAFE

그렇지? 하지만 이렇게 소중한 물은 무한한 자원이 아니야. 그래서 일본이나 독일 등은 빗물을 모아 중수시스템으로 재활용해 물을 아껴 쓰고 있단다.

또 독일과 스위스는 지하수를 쓰는 만큼 빗물을 모아 지하수로 넣어 보전하고 있지. 물은 인간에게 가장 중요한 자원 중에 하나니까.

너 뭘 그렇게 많이 들고 오는 거야?

정수장에서 준 아리수야. 우리 집에 있는 정수기 물맛보다 좋아서 많이 챙겨 왔어.

끙 끙 끙

어휴!

벌컥

SAFE

아리수

너무 무거워. 같이 좀 들자!

질 질

미국 미시간 주 플린트 식수 오염 사건

미국 미시간 주 플린트 시는 2014년 4월 수원지를 휴런 호에서 플린트 강으로 바꾼 뒤로 심각한 공공위생 문제에 직면해 있었다. 부식성을 띈 플린트 강물이 낡은 수도관을 지나가면서 납이 침출됐고, 이로 인해 높은 수준의 납이 검출됐다.

이 물을 마신 주민들은 혈중 납 농도가 급증했고 구토, 발진, 탈모 등과 같이 다양한 건강상의 문제를 겪었다.

플린트 시 주민들은 수개월 동안 수돗물 이상에 대해 호소했다. 수돗물이 변색되고 악취가 나며 집단으로 레지오넬라 균 중독이 발생했다. 뿐만 아니라 대학이나 병원, 공장에서 기기가 부식되고 고장 나는 상황이 급증했다.

당시 주 관리들은 이

런 주민들의 민원을 무시했지만 점차 사태가 심각해지자 2015년 10월 수원지를 디트로이트 시의 수도로 바꿨다.

급기야 2016년 1월 16일 버락 오바마 미국 대통령은 미국 북동부 미시간 주의 식수 오염 사태와 관련해 비상사태를 선포했다.

미국 국토안전부와 연방비상관리국은 비상사태 선포에 따라 최대 3개월 동안 식수를 공급하고 정수 필터 카트리지 교체 및 수질 테스트 키트를 지원했다.

이 사태로 백악관은 추후 식수 오염에 따른 문제를 해결하고 개선하기 위해 협력할 것이라고 밝혔다.

/ 재난뉴스 기자

재난대처방법 수도

지역번호 + 128
또는 경찰서

대규모 수질오염 사고 시

□ 사고 지역이나 영향권에 있는 지역에서는 낚시, 수영 등 물놀이를 하지 않는다.

□ 사고 인근에 있는 사업장이나 농가, 내수면 양식장 등에서는 지자체에서 하는 안내에 따라 용수를 사용한다.

□ 사고로 하천, 호수, 강 등이 오염된 경우에는 수렵이나 어로 활동을 중단한다.

□ 자치단체 또는 아파트 관리사무소 등에서 식수 공급이 중단된다는 예고를 하는 경우 미리 식수를 확보해 둔다.

□ 식수 냄새나 맛이 평소와 다를 때는 사용을 중단하고 '지역번호 + 128' 또는 경찰서로 신고한다.

□ 식수 음용 후 몸에 이상이 있는 경우 즉시 병원으로 가서 의사의 진찰을 받는다.

급수 중단 발생 시

□ 안내가 있기 전까지 마시거나 양치하거나 식기를 세척하거나 요리할 때는 시중에서 파는 물을 사용한다.

□ 수도사업소에서 지원하는 물이나 급수차의 물을 사용한다.

1급과 2급 상황 발생 시

□ 1급 상황 발생 시 : 물은 반드시 끓여 먹는다. 1분 정도 끓인 후 식혀서 사용하면 물속의 미생물이 파괴돼 안전하다.

□ 2급 상황 발생 시 : 수돗물에 이상이 생긴 기간 동안은 물을 끓여서 마시는 것이 좋다. 특히 온수로 샤워를 하는 경우 반드시 환기한다. (살수 효과로 인해 냄새가 심해질 수 있다.)

재난지식 노트

비상시 식수
저장 방법을 기억해요!

해수 담수화 방법

[출처 : 한국건설교통기술평가원]

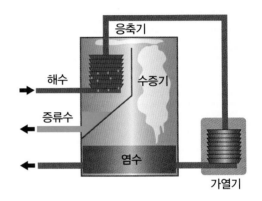

(1) 다단증발법(MSF)

해수를 가열해 증발시킨 후 차가운 해수
가 흐르는 관 외벽에 증기를 응축시키는
방법으로 대용량 담수화 설비에서 주로
사용된다.

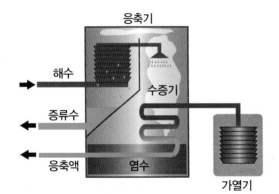

(2) 다중효용증발법(MED)

진공상태에서 뜨거운 금속관 표면에 해
수를 분무해서 증발시킨 후 응축시키는
방법으로 중소형 설비에서 주로 사용된
다.

(3) 역삼투압법(RO)

압력을 가한 해수를 반투막에 통과시킨
후 물과 염분과 같은 물질들을 분리하는
방법으로 에너지 효율이 높아 모든 규모
의 설비에 적용이 가능하다.

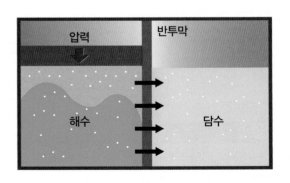

비상시 식수 저장 방법

❶ 깨끗하게 씻은 플라스틱이나 유리 등의 용기에 식수를 보관하고 독성 물질이 있는 용기는 절대 사용하지 않는다. 물에서 냄새가 나고 짙은 색을 띠면 마시지 않는다.

❷ 용기에 식수를 담고 밀봉한 뒤 꼬리표 등을 사용해 시원하고 어두운 곳에 보관한다.

❸ 야외에서 식수를 찾아야 하는 경우 반드시 정수 과정을 거친 뒤 마신다.

❹ 야외 식수원은 빗물, 시냇물이나 기타 흐르는 물, 호수 물, 천연 샘물 등이다. (홍수로 불어난 물은 마실 수 없다.)

비상시 정수 방법

(1) 끓이기

❶ 가장 안전한 정수 방법으로 물이 끓는 상태에서 3~5분 정도 유지한 뒤 물을 식혀서 마신다.

❷ 끓인 물을 두 개의 용기에 반복적으로 옮기면 공기가 함유돼 물맛이 더 좋다.

(2) 살균하기

❶ 가정용 액상 표백제를 사용해 미생물을 제거한다.

❷ 아염소산나트륨 함유율 5.25 %인 가정용 표백제만 사용하고 향 첨가, 탈색 방지용, 세제가 포함된 표백제는 사용을 금지한다.

❸ 물 약 3.8리터(1갤런)에 표백제 16방울을 넣은 뒤 30분 기다린다.

❹ 물에서 표백제 냄새가 나지 않으면 다시 16방울을 넣고 15분 정도 기다린다.

❺ 물에서 표백제 냄새가 나면 그때 마신다.

(3) 증류하기

❶ 물을 끓일 때 발생하는 수증기를 받아서 다시 물을 만드는 방법으로 수증기에는 염분이나 불순물이 포함되지 않는다.

❷ 냄비에 물을 절반 정도 채운 뒤 냄비 뚜껑 손잡이에 컵을 매단 뒤 컵이 물에 닿지 않도록 끓인다. 그러면 뚜껑에 수증기가 모아져 증류된 물이 된다.

7 테러

신난다. 멋있는 경찰 아저씨들이 훈련하는 걸 직접 볼 수 있게 되다니!

그렇게 좋니?

TV에서 잠깐씩 나오는 모습만 보다가 직접 보니까 저도 너무 설레는 걸요!

이얍-

얍-

우아, 저기 마약 탐지견도 있어요!

그런데 훈련 과정을 실제로 보니까 엄청 힘들고 위험해 보여요.

경찰특공대

왈-

왈-

그렇지? 만일의 사태가 발생했을 때 즉각적으로 대응해야 하기 때문에 훈련 강도가 높을 수밖에 없을 거야.

만일의 사태요?

테러가 발생하는 걸 말씀하시는 거죠?

맞아. 폭력이나 폭탄 등을 이용해서 사람들을 공포, 위험에 빠뜨리는 상황이 발생했을 때 경찰특공대가 이에 대응하는 거야.

박사님, 그럼 폭력을 쓰는 경우를 모두 테러라고 하는 건가요?

음, 그건 아니야. 테러는 폭력을 써서 사람들을 위협하고 공포에 빠뜨리는 행위를 의미하는데 구체적으로 네 가지 경우를 테러로 보고 있단다.

테러의 사전적 정의

첫째, 미리 계획한 뒤 고의적으로 폭력을 행사하는 경우.
둘째, 정치적인 이유로 폭력을 행사하는 경우.
셋째, 공격 대상이 민간인인 경우.
넷째, 국가에 속한 정규 군대가 아닌 단체나 조직에 의해 폭력이 발생하는 경우.

아, 맞아요. 뉴스에서 민간인들이 많은 곳에서 개별적으로 조직한 단체들이 폭탄을 터뜨려서 많은 희생자가 발생했다는 소식을 자주 들었던 것 같아요.

그래, 세계 곳곳에서 이런 테러들로 많은 피해가 발생하고 있어서 국제적으로 심각한 문제가 되고 있어.

법적으로는, 테러를 국가나 지방자치단체, 외국 정부가 행사하는 권한을 방해하거나 공중을 협박할 목적, 의무 없는 일을 하게할 목적으로 하는 행위라고 정의한단다.

테러의 법적 정의

㉮ 사람을 살해하거나 사람의 신체를 상해하여 생명에 대한 위험을 발생하게 하는 행위 또는 사람을 체포 · 감금 · 약취 · 유인하거나 인질로 삼는 행위

㉯ 항공기와 관련된 다음 각각의 어느 하나에 해당하는 행위

(1) 운항 중인 항공기를 추락시키거나 전복 · 파괴하는 행위, 그밖에 운항 중인 항공기의 안전을 해칠 만한 손괴를 가하는 행위

(2) 폭행이나 협박, 그 밖의 방법으로 운항 중인 항공기를 강탈하거나 항공기의 운항을 강제하는 행위

(3) 항공기의 운항과 관련된 항공시설을 손괴하거나 조작을 방해하여 항공기의 안전운항에 위해를 가하는 행위

㉰ 선박과 관련된 다음 각각의 어느 하나에 해당하는 행위

(1) 운항 중인 선박 또는 해상 구조물을 파괴하거나, 그 안전을 위태롭게 할 만한 정도의 손상을 가하는 행위

(2) 폭행이나 협박, 그 밖의 방법으로 운항 중인 선박 또는 해상 구조물을 강탈하거나 선박의 운항을 강제하는 행위

(3) 운항 중인 선박의 안전을 위태롭게 하기 위하여 그 선박 운항과 관련된 기기 · 시설을 파괴하거나 중대한 손상을 가하거나 기능 장애 상태를 야기하는 행위

㉱ 사망 · 중상해 또는 중대한 물적 손상을 유발하도록 제작되거나 그러한 위력을 가진 생화학 · 폭발성 · 소이성(燒夷性) 무기나 장치를 다음 각각의 어느 하나에 해당하는 차량 또는 시설에 배치하거나 폭발시키거나 그 밖의 방법으로 이를 사용하는 행위

㉲ 핵물질 또는 원자력 시설과 관련된 다음 각각의 어느 하나에 해당하는 행위

(1) 원자로를 파괴하여 사람의 생명 · 신체 또는 재산을 해하거나 그 밖에 공공의 안전을 위태롭게 하는 행위

(2) 방사성물질 등과 원자로 및 관계시설, 핵연료 주기시설 또는 방사선 발생 장치를 부당하게 조작하여 사람의 생명이나 신체에 위험을 가하는 행위

(3) 핵물질을 수수 · 소지 · 소유 · 보관 · 사용 · 운반 · 개조 · 처분 또는 분산하는 행위

(4) 핵물질이나 원자력 시설을 파괴 · 손상 또는 그 원인을 제공하거나 원자력 시설의 정상적인 운전을 방해하여 방사성 물질을 배출하거나 방사선을 노출하는 행위

[국민보호와 공공안전을 위한 테러방지법 제2조]

테러로 볼 수 있는 상황들이 워낙 많아서 한마디로 정의하기 어려운 것 같아요.

맞아. 보통 테러를 정치적 목적이나 이념을 가지고 행하는 폭력으로 규정하고 있지만 아직까지 보편적으로 테러를 정의하기는 어렵단다.

테러의 개념

대부분 학자들이 테러의 구성요소를 다음 네 가지 정도로 정의하고 있다.

❶ 정치적 목적과 동기를 갖는다.
❷ 폭력이나 폭력을 사용하는 데 있어 위험이 따른다.
❸ 사전에 조직적으로 준비한다.
❹ 심리적인 충격과 공포를 일으킨다.

아빠, 폭력은 나쁘잖아요! 그런데 왜 이런 테러가 발생하는 건지 이해를 못하겠어요.

폭력을 사용해서 자신들이 원하는 바를 얻으려는 목적 아닐까?

그래, 그 말이 맞다. 테러는 하나 이상의 목적을 가지고 원하는 것을 얻기 위해 자행되는데 크게 정치적, 경제적, 개인적 목적으로 구별할 수 있어.

정치적

경제적

개인적

테러리스트들은 자신들의 이념에 따라서 테러를 일으키는 거야. 민족의 독립과 자치를 위해서, 현재의 질서를 파괴하기 위해서, 자기 동료의 석방을 위해서 등 그 이유는 아주 다양해지고 있단다.

모두한테 피해만 가는데 그렇게 극단적인 방법을 쓰다니 너무 안타까워요.

아빠, 테러라는 말은 언제부터 사용한 건가요?

아, 테러의 어원은 프랑스 대혁명 시기로 거슬러 올라가야 해.

테러의 어원

프랑스 대혁명이 일어난 18세기 말 정치가였던 로베스피에르는 정권을 유지하기 위한 힘을 대중의 공포(테뢰르, terreur)로부터 얻으려고 했다.

공포정치 시기(1793년 6월~1794년 7월)에 그는 권력자를 반대하는 사람을 말살하면서 대중에게 공포심을 심어 주었고, 대중의 복종과 추종, 공황상태를 정치적으로 이용했다. 이후 테러라는 용어는 체제에 반대하는 측에서 폭력을 사용해 무장 투쟁하는 것으로 입장이 바뀌어 쓰이고 있다.

로베스피에르
(1758년 5월 6일
~ 1794년 7월 28일)

권력자들이 공포정치를 하면서 테러라는 말이 나왔는데 지금은 반대로 기존 체제에 반대하면서 폭력을 사용하는 경우를 테러라고 부르는군요.

스윽

그렇지. 또 좌우 이념이 대립하던 시기에는 공산주의자에 의한 테러를 적색테러, 무정부주의자의 테러를 흑색테러, 권력층의 테러를 백색테러로 구분해서 부르기도 했단다.

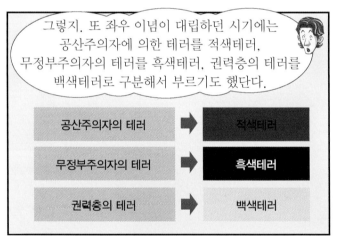

공산주의자의 테러	➡	적색테러
무정부주의자의 테러	➡	흑색테러
권력층의 테러	➡	백색테러

박사님, 물리적으로 가해지는 폭력이나 폭발과 같은 방법 말고 다른 방법으로 테러가 발생하기도 하나요?

척

물론이야. 강한 전염성을 가진 병균 등을 이용한 생물 테러도 있어.

생물 테러에 사용되는 병원체

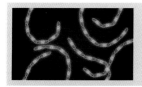

탄저균(Anthrax)

폐로 흡입 시 심각한 호흡기 질환을 유발하는 균으로 사람의 경우 피부 상처나 구강을 통해 감염되기도 한다. 의도적으로 공기 중에 배출시킬 수 있으며 감염되면 복통, 구토, 설사 등의 증상이 나타난다.

천연두(Smallpox)

치사율이 굉장히 높은 바이러스로 고열과 발진을 유발한다. 타인에게 쉽게 감염될 수 있어 생물 테러에 이용될 가능성이 가장 높다.

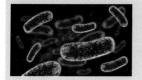

페스트(Pest)

공기 중에 있던 균이 폐로 흡입되면서 심각한 폐렴을 유발한다. 기침을 통해 공기 중으로 배출되기 때문에 근거리에 있는 사람에게 쉽게 전파된다.

보툴리늄(Botulinus)

토양과 해수 등에서 발견되는 독소로 근육을 마비시킨다. 비위생적인 음식을 섭취했을 때 중독될 수 있고 고의로 공기 중에 살포하는 경우도 같은 증상을 보일 수 있다.

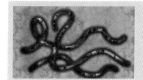

에볼라(Ebola)

아프리카 콩고민주공화국 에볼라 강에서 발견된 바이러스로 감염되면 유행성 출혈열 증세를 보인다. 일주일 내 치사율이 90 %로 혈관을 통해 모든 장기로 이동이 가능하고 심한 출혈과 함께 사망하게 된다.

그럼요. 이슬람 무장단체 아닌가요?

저도 뉴스에서 봤어요! IS가 테러 집단이었구나.

IS는 이라크와 시리아 및 필리핀 등지에서 활동하는 극단적인 무장단체란다.

IS는 어떤 테러 조직인가?

IS는 조직체계나 잔인성, 극단적인 종교 성향 등으로 인해 한때 미국이 테러와의 전쟁을 선포하기도 했던 알카에다를 능가한다는 평가를 받고 있다. 이라크의 모술, 시리아의 라카 등의 주요 도시를 장악하고 유전, 주요 도로, 국경 지역까지 세력을 넓히면서 체계적인 행정 시스템까지 갖추었다.

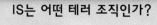

미국의 한 외교전문지는 "IS가 중동과 시리아 일부를 장악한 상태에서 기존 행정 체제를 유지하고 하나의 국가 체계로 진화하고 있다."고 말하기도 했어.

일부 개인들이 모여서 이룬 집단을 넘어서서 하나의 국가처럼 규모도 커지고 내부 구조도 진화하고 있다는 뜻이군요.

그렇지. 이렇게 IS가 틀을 갖춰가면서 본인들의 활약상을 공개하고 재정적 지원을 유도할 뿐만 아니라 심지어 대원을 모집하기까지 해.

외신들은 IS의 행태를 두고 "테러를 판매"한다고 묘사하기도 했다. 실제로 IS에 일부 동조하는 이슬람 국가도 있으며 전투원 역시 1만여 명에 이르는 것으로 추정된다. IS는 이라크와 시리아 군사 기지를 손에 넣으면서 정부군 못지않은 무기를 보유하며 국가 수준의 군사력까지 갖추게 됐다.

테러가 발생하면 많은 사람들이 다치겠네요.

테러로 인한 인명 피해도 크지만 눈에 보이지 않는 영향들도 상당할 것 같아요.

물론이야. 테러가 발생하면 인명 피해나 재산 피해는 물론이고 광범위한 분야에 영향을 준단다.

일단 테러가 발생하면 세계적으로 안전에 대한 불안이 생기니까 그와 관련된 부분에서 피해가 있겠네요.

그래, 그 말도 틀리지 않은 것 같구나. 테러가 발생하면 일단 금융시장이 타격을 받게 돼.

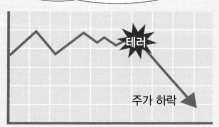

테러가 경제에 미치는 영향

테러 사태 직후 금융시장은 주가 급락을 시작으로 채권 수익률이 하락하고 당사국 통화가 약세를 보인다. 국제유가 불안정, 관광객 및 항공 수입 감소, 보험료 인상 등 실물 경제 위축에도 영향을 준다.

맞아요. 얼마 전에 유럽에서 발생한 테러 때문에 유럽을 여행할 때 조심하라고 뉴스에 나오더라고요.

관광지로 유명한 국가들은 관광객이 감소하면 경제가 위축될 텐데. 테러가 발생하면 생각지도 못한 부분들까지 영향을 받는군요.

맞아. 결국 테러는 세계 경제 성장에 부정적인 영향을 미치는 거야.

와, 박사님, 이게 다 뭐예요?

아, 이건 테러나 화학 사고가 발생했을 때 사용하는 장비들이야.

처음 보는 것들이라 너무 신기해요.

이 장비들이 어떻게 사용되는지 하나씩 설명해 줄게.

테러나 화학 사고 발생 시 대응 장비

(1) 화학 작용제 탐지기

*이온분광 방식으로 화학 작용제 12종과 독성 화학물질 14종의 존재 여부를 확인할 수 있는 탐지장비.

이온분광 방식 가스 상 화학물질 흡입 ➪ 방사성 물질로 인한 이온화 ➪ 생성된 이온 탐지

(2) 고체 · 액체 분석용 적외선 분광기

폭발물이나 폭발 원료, 백색가루 등을 발견했을 때 *적외선분광 방식으로 액체, 고체상의 화학테러 가능 물질을 분석할 수 있는 장비(화학 보호복을 착용한 상태에서 현장 대응 요원이 신속하게 분석 가능).

적외선분광 방식 화학물질을 구성하는 분자 진동에 적외선 조사 ➪ 적외선을 흡수하는 특정 영역의 정보 확인 ➪ 화학물질 분석

(3) 드론

사고 현장 상공에서 입체적으로 상황을 모니터링할 수 있는 장비. 유역(지방) 환경청이나 화학재난 합동방재센터에서 사고 대응 및 수습, 사고 후 영향 조사와 훈련 등에 활용할 예정이다.

(4) 현장 긴급출동 차량(9인승 승합차량 개조)

경광등, 사이렌, 대응 장비 적재함 등을 설치하고 현장 대응 인원 (4명)을 수송할 수 있는 차량. 긴급 자동차로 지정받아 사고 발생 시 현장으로 신속한 출동이 가능하다.

화학물질이나 폭발 원료의 종류까지 탐지해 낼 수 있는 장비가 있다니 대단한 것 같아요.

저는 드론이 사고 현장에서 활용될 수 있다는 게 놀라워요.

드론은 상공을 비행하면서 사람이 미처 보지 못하는 사고 현장을 모니터링하는 역할을 한다.

위이잉-

아빠, 이런 장비들을 직접 보니까 우리나라에서도 테러가 발생하면 어쩌나 갑자기 무서워져요.

맞아, 예전 기사를 보니 우리나라 배가 해적에게 납치된 적도 있었지.

그래, 우리 국민이 해적들에게 위협을 받은 사건이 있었지.

아덴만 여명작전으로 구출된 선원들 사건 말씀하시는 거죠?

잘 알고 있구나. 그럼 '삼호 주얼리 호 피랍 사건'에 대해 자세히 알려 주마.

삼호 주얼리 호 피랍 사건

소말리아 해적에 피랍된 삼호 주얼리 호를 대한민국 주도하에 미국, 오만, 파키스탄 해군의 연합 작전으로 구출한 사건으로 일명 '아덴만의 여명 작전'이라고도 불린다.

2011년 1월, 삼호 주얼리 호가 소말리아 해적들에게 납치되는 사건이 발생했다. 선원들은 해적의 접근을 파악하고 재빨리 안전실로 대피했지만 대피소는 3시간 15분 만에 뚫렸고 해적들은 선박을 소말리아로 끌고 갔다. 당시 우리나라 선박에 대한 납치가 빈번하게 발생하자 우리 정부는 청해부대에 해적 소탕과 인질 구출을 명령했다.

아덴만 여명 작전

1차 구출 작전은 2011년 1월 18일 해적들이 소말리아로 귀환하는 과정에서 이뤄졌다. 해적들과의 교전 중 우리 특수부대원이 부상을 입으면서 작전이 중지됐고 2011년 1월 21일 2차 구출 작전이 진행됐다. 청해부대 소속 UDT/SEAL팀은 소말리아 인근 아덴만 해상에 있던 삼호 주얼리 호를 급습해 약 5시간의 교전을 벌이며 해적들을 제압했다. 이 작전으로 해적 8명 사살, 5명을 생포함과 동시에 우리나라 선원 8명을 포함한 인질 21명을 전원 구출했다.

우아!
정말 대단하고 멋있어요!

작전 중에 삼호 주얼리 호 선장과
특공부대원 일부가 부상을 당했지만 해적들을
상대로 인질 모두를 안전하게 구출해 내면서
우리나라 특수부대의 입지를 세계적으로
알리는 계기가 됐단다.

걱정하지 않아도
되겠는데? 이런
특공부대원이 있으니까
우리나라는 테러에서
안전할 거야.

그러게 말이야. 테러가
일어나기도 전에 특공대가
다 처리해 줄 거야.

그렇죠,
아빠?

글쎄, 우리나라도 테러에서
아주 안전하다고 할 수는 없어.

네? 우리나라도
위험하다고요?

테러를 저지르는 사람이나 단체는
자신의 목적을 달성하기 위해 불특정
다수에게 최대한의 피해를 입히는
방법을 사용하는 경우가 많단다.

화르르르

아, 목적을 달성하기 위해서 묻지마 식의 테러를 한다는 말씀이군요.

그렇지. 테러 집단에게는 누가 피해를 입느냐보다 최대한의 피해를 낼 수 있는 장소, 즉 사람이 많거나 주요 시설이 있는 장소가 더 중요하거든.

그렇다면 우리나라 역시 주요 시설이나 사람이 밀집해 있는 공공장소와 같은 곳도 충분히 테러의 표적이 될 수 있겠네요.

그래, 우리도 방심해서는 안 돼. 그래서 미국 9.11 테러나 프랑스 파리 연쇄 테러 이후 테러에 좀 더 적극적이고 체계적으로 대응하자는 목소리가 높아지고 있단다.

테러에 대응하는 자세

❶ 대테러 위기관리 정책을 위한 올바른 가치와 철학 정립

❷ 국민의 신뢰를 기반으로 한 대테러 위기관리 정책 결정과 집행(투명한 정보 공개)

❸ 대테러 위기에 대비한 법적 제도 마련

❹ 국가적 대테러 정책을 위한 통합적 조직 설립

우리나라의 경우 테러 대응을 위한 법적 기반이 없고, 선진국처럼 통합적 대테러 센터가 없다는 것이 문제점으로 지적되고 있어.

영국 맨체스터 자살폭탄 테러

맨체스터아레나 빅토리아역

2017년 5월 22일 밤 10시 30분경, 영국 맨체스터 공연장에서 자살폭탄 테러가 일어났다. 폭발은 세계적인 팝스타인 아리아나 그란데의 공연이 끝난 직후 관객들이 네 개의 출구로 빠져나가기 시작할 무렵 발생했다.

당시 현장에 있던 한 관객의 증언에 따르면, 처음에 큰 풍선이 터지는 것처럼 소리가 들렸고 이후 몇 번의 비명과 침묵이 흘렀다고 한다. 이후 공연장은 연기로 뒤덮였고 관객들은 가장 가까운 출구로 달려 나갔다고 한다.

영국 경찰은 맨체스터아레나 폭탄 테러로 인해 어린이를 포함해 22명이 사망했고 59명이 다쳤다고 발표했다. 또한 부상자 중 상당수는 중상을 입은 것으로 밝혀졌으며 콘서트장을 찾은 관객을 비롯해 자녀들을 기다리던 부모들까지 콘서트장 밖에서 희생됐다.

사고 다음날인 23일 이슬람 무장단체 IS는 텔레그램을 통해 맨체스터 자살폭탄 테러가 자신들의 소행이라고 주장하며 스스로 테러의 배후임을 밝혔다. 폭탄 테러범은 현장에서 사망했으며 IS와의 직접적인 연관성은 현재 정확히 밝혀지지 않았다.

이 자살폭탄 테러는 지난 2005년 7월 영국 런던에서 발생한 테러로 52명이 사망하고 700명 이상이 부상을 입은 이후 영국에서 발생한 최악의 폭탄 테러라고 할 수 있다.

이슬람 무장단체 IS의 테러 위협이 시작된 이후 영국을 비롯한 유럽 각국이 지속적으로 테러의 위협에 노출되면서 테러에 대한 불안감은 갈수록 심해지고 있다.

/ 재난뉴스 기자

재난대처방법 테러

건물 내 폭발 테러 발생 시

- ☐ 주변 사람에게 폭발 사고를 알리고 폭발이 발견된 지점의 반대 방향 계단으로 즉시 대피한다.
- ☐ 대피할 때는 절대 엘리베이터를 이용하지 말고 계단 한쪽을 이용해 대피한다.(그래야 폭발 처리나 소방대원이 신속하게 이동할 수 있다.)
- ☐ 라디오, 휴대전화 등의 전파기기는 기폭장치를 작동시킬 위험이 있으므로 사용하지 않는다.

총격 테러 및 억류 납치 시

- ☐ 총기 난사 테러가 발생하면 일단 바닥에 엎드린 후 낮은 자세를 유지하며 동정을 살피고 상황이 되면 즉시 119에 신고한다.
- ☐ 납치나 감금된 경우 테러범에게 반항하거나 무리해서 탈출하려고 하지 말고 구출 작전이 전개되면 즉시 엎드린다.
- ☐ 구출을 위한 모든 수단이 동원되고 있으므로 절망하지 말고 탈출에 유리한 여건을 파악해 둔다.
- ☐ 눈을 가린 채 납치나 억류가 된 경우 소리나 냄새 등으로 이동한 거리나 범인의 음성 등을 기억해 둔다.

생물 테러 의심 물건 발견 시

- ☐ 의심되는 물건은 절대 건드리지 말고 즉시 자리를 피한 뒤 119에 신고한다.
- ☐ 실내에서 의심 물건을 개봉한 경우 주변 사람들을 대피시키고 창문과 문을 모두 닫고, 에어컨 및 환기시설을 모두 끈다.
- ☐ 의심 물질이 공기 중에 날릴 위험이 있는 경우 신문지나 옷가지 등으로 조심스럽게 덮어둔다.
- ☐ 방독면을 찾아서 착용하고 여의치 않은 경우 휴지나 손수건 등으로 입과 코를 가리고 현장에서 즉시 빠져나온다.
- ☐ 몸을 깨끗하게 씻고 입었던 옷이나 신발은 소독 후 폐기한다.

화학 테러 발생 시

☐ 화학물질 노출이 의심될 경우 즉시 119에 신고한다.

☐ 입과 코를 가리고 피부가 화학물질에 노출되지 않도록 옷가지 등으로 가린다.

☐ 내부에 있는 경우 신속히 밖으로 대피하고 외부에 있는 경우 바람을 안고 이동하면서 높은 곳으로 대피한다.

☐ 차량으로 대피하는 경우 창문을 닫고 에어컨이나 히터는 켜지 않는다.

방사능 테러 발생 시

☐ TV나 라디오 등 방송매체를 통해 정부의 지시에 따라 행동한다.

☐ 건물 안에서 방사능 유출이 의심되는 경우 오염되지 않은 건물로 대피한다.

☐ 건물이 방사능에 오염되지 않았다면 밖으로 나오지 않고 그대로 머무는 것이 좋다.

☐ 건물 안으로 대피한 경우 창문을 닫고 에어컨이나 환풍기는 끈다.

☐ 방사능 노출이 판단되면 오염된 옷은 벗고 온몸을 깨끗이 씻는다.

우편물 테러 발생 시

1. 의심 우편물 최초 발견 시

☐ 즉시 119에 신고하고 냄새를 맡거나 맨손으로 만지지 않는다.

☐ 우편물에 충격을 주지 말고 라이터 등을 가까이 두지 않는다.

☐ 휴대전화와 같은 전파가 발생하는 장치를 사용하지 않고 우편물에 얇은 줄이나 선이 있는 경우 절대 건드리지 않는다.

2. 우편물 개봉 후

☐ 사제폭탄을 이용한 우편물인 경우 즉시 그 장소를 떠나서 119에 신고한다.

☐ 총기나 도검류가 동봉된 우편물은 만지지 않고 원상태로 보존한 뒤 119에 신고한다.

☐ 화생방 물질을 이용한 우편물은 절대 접촉하지 말고 코와 입을 막은 채 그 자리를 피한다.(오염 확산 방지를 위해 타인과의 접촉을 피한다.)

재난지식 노트

전신 투시 스캐너의
장단점을 기억해요!

전신 투시 스캐너 ☆ 꼭 기억하자!

공항 등에서 무기나 폭발물 등을 탐지하는 3차원 영상 장비다. 전신 스캐너는 기존에 어려웠던 약품, 총, 플라스틱 폭발 물질 등을 짧은 시간 안에 정밀하게 탐지할 수 있어 수속 시간을 단축하고 정밀성이나 비용 절감 등의 큰 효과를 보고 있다. 이에 따라 효율성을 높이고 안전을 확보할 수 있다는 이유로 금속 탐지기가 전신 스캐너로 점차 대체되고 있다.

그러나 전신 스캐너가 장점만 있는 것은 아니다. 승객의 은밀한 신체 부위나 성형 등과 같은 시술 흔적이 선명하게 드러나 심각한 사생활 침해가 우려된다는 목소리가 높다. 이런 문제를 해결하기 위해 전신 스캐너의 프라이버시 보호 기술을 높여 승객의 실제 사진이 아닌 이미지 형태로 변환해 보여 주는 방식으로 바뀌고 있다. 또 전신 스캐너 담당 보안요원은 해당 승객을 볼 수 없게 하고 스캐너에 찍힌 화면의 저장과 전송을 금지하는 등의 장치를 마련하고 있다.

전신 스캐너에도 장단점이 있다는 사실!

감염병

아빠, 저는 운동도 열심히 하고 밥도 잘 먹어서 감기 걸릴 일이 없어요.

주사는 안 맞아도 될 것 같아요.

너 주사 맞는 게 무서운가 보구나?

아니거든! 하나도 안 무섭거든!

너무 겁먹지 마. 요새 독감이 유행이라서 걸리면 엄청 고생할 거야. 예방하는 차원에서 예방접종을 하는 게 좋겠지?

박사님, 독감이 무서운 병인가요?

그리고 주사를 맞으면 괜찮은 거예요?

아, 그렇지. 안전이는 병원도 처음이고 예방접종도 처음이겠구나.

독감은 바이러스에 의해 감염되는 감염병의 일종이야.

주사를 맞는다고 해서 독감을 완벽히 막을 수 있는 건 아니지만, 어느 정도 예방은 할 수 있단다.

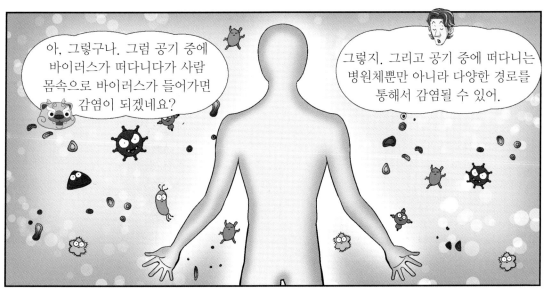

아, 그렇구나. 그럼 공기 중에 바이러스가 떠다니다가 사람 몸속으로 바이러스가 들어가면 감염이 되겠네요?

그렇지. 그리고 공기 중에 떠다니는 병원체뿐만 아니라 다양한 경로를 통해서 감염될 수 있어.

아빠! 감염병이 뭔지, 어떻게 전염되는지 알려 주세요!

제 몸에 못된 바이러스가 못 들어오게 다 막아 버리겠어요!

그게 가능할지는 모르겠지만, 감염병에 대해 알아두면 좋은 공부가 되겠구나.

여러 사람에게 전파되는 되는 감염병은 음식을 섭취하거나 호흡을 통한 병원체 침투, 타인과의 접촉 등 다양한 경로를 통해 발생한단다.

음식 섭취

감염병이란?

세균, 스피로헤타, 리케차, 바이러스, 진균, 기생충 등 여러 병원체에 의해 감염이 되면 발생하는 질병을 말하는데 병원체가 인간 또는 동물의 장기에 침입해 자리를 잡고 증식하는 것을 감염이라고 하며 감염에 의한 증상을 감염증이라고 한다.

감염병의 예방 및 관리에 관한 법률에 규정하고 있으며 제1군 감염병(물 또는 식품 매개), 제2군 감염병(국가 예방접종 사업 대상), 제3군 감염병(간헐적 유행 가능성), 제4군 감염병(국내 새로 발생 또는 국외 유입 우려), 제5군 감염병(기생충 감염증), 지정 감염병(유행 여부 조사 감시 요), 세계보건기구 감시 대상 감염병, 생물 테러 감염병, 성 매개 감염병, 인수(人獸) 공통 감염병 및 의료 관련 감염병을 말한다.

호흡

타인과의 접촉

사람에게 감염을 일으키는 병원체도 많고 전파되는 경로도 다양하군요.

박사님, 만약 제 옆에 있는 사람이 병원체를 가지고 있는데 저랑 접촉하게 되면 저도 감염병에 걸리는 건가요?

꼭 그렇지만은 않아. 대부분의 병원체는 인체에 큰 해를 가하지 못해.

병이 발생하기 전에 우리 몸의 면역 체계가 작동해서 대부분 퇴치하거든.

우아! 우리가 모르는 사이에 우리 몸속에서 면역 체계가 나쁜 병균들과 싸우고 있던 거네요.

그런데 이런 면역 체계가 기능을 못하거나 침투한 병원체의 독성이 강할 때, 혹은 대량의 병원체에 노출되면 감염 증상을 보이는 거야.

아빠, 병원체가 눈에 보이는 게 아닌데 내 몸이 감염됐는지 어떻게 알 수 있어요?

대체로 직·간접적인 진찰을 통해서 감염 여부를 알 수 있어.

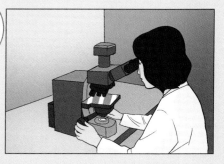

감염 여부를 확인하는 직접적 방법은 조직 검사를 통해 현미경으로 병원체를 확인해 진단하는 것이다. 간접적 방법으로는 피부 발진이나 사마귀, 피부 농양, 설사, 고열, 오한 등의 증상을 토대로 확인한다.

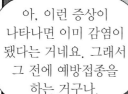

아, 이런 증상이 나타나면 이미 감염이 됐다는 거네요. 그래서 그 전에 예방접종을 하는 거구나.

그렇지. 특히 유아기의 아이들은 면역력이 약해서 예방접종을 통해 병이 발생하는 걸 막는 거야.

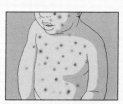

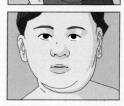

유아 감염병

유아기에 병에 감염돼 면역이 생기는 질병에는 홍역, 백일해, 볼거리 등이 있다. 유아 감염병은 대부분 예방주사나 예방혈청이 유효하므로 주기적인 예방접종을 통해 감염을 방지할 필요가 있다.

박사님, 감염병 종류에 따라 증상이 다른 것처럼 감염되는 방법도 다르겠죠?

물론이야. 감염병은 주로 매개체를 통해서 전염되는데, 전파되는 경로는 다양하단다.

인플루엔자(Influenza)와 같은 감염병의 경우 바이러스가 공기 중으로 퍼져나가면서 호흡과 함께 인체에 침투해 전파되고, 말라리아나 뇌염 등은 모기를 매개체로 전파되는 대표적인 감염병이야.

모기에 잘못 물려도 감염이 될 수 있다고요?

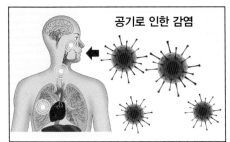

공기로 인한 감염

모기로 인한 감염

그렇단다. 병원체를 가지고 있는 사람이나 동물의 피를 흡입한 모기가 다른 건강한 사람이나 동물의 피를 흡입하는 과정에서 병원체가 체내에 침투하는 거야.

또 우리가 알고 있는 에이즈(AIDS), 즉 후천성면역결핍증은 성관계나 수혈을 하는 과정에서 병원체에 감염된 체액을 통해 전파되지.

아빠, 그렇다면 어떤 매개체가 어떤 감염병을 유발하는지 알고 싶어요.

매개체 종류에 따라서 발생하는 질병의 종류도 달라지는데, 그 부분은 좀 더 자세하게 설명해 줄게.

많은 종류의 감염병이 모기, 진드기 같은 곤충이나 쥐, 토끼 등의 설치류를 매개체로 해서 전파된단다.

설치류를 매개체로 해서 발병하는 감염병으로는 쯔쯔가무시병이 대표적인데, 야생 쥐에 기생하는 진드기 유충이 사람을 물면 감염되는 거야.

쯔쯔가무시병 감염 경로

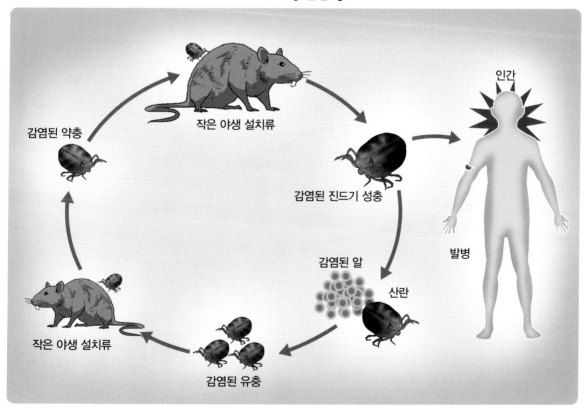

감염된 약충

작은 야생 설치류

인간

감염된 진드기 성충

감염된 알

산란

발병

작은 야생 설치류

감염된 유충

박사님, 모기를 매개체로 해서 걸리는 감염병 중에 말라리아는 특히 위험하다고 책에서 읽었던 기억이 나요.

그래, 말라리아는 모기를 통해 감염되는 대표적인 감염병이야.

말라리아

말라리아 기생충을 가진 모기가 사람을 물면 말라리아 원충이 사람의 간으로 들어가 증식한다. 잠복기를 거쳐 성장한 원충은 적혈구로 침입해 적혈구를 파괴한다. 이 과정을 반복하면서 오한, 발열, 빈혈 등을 일으킨다.

말라리아 감염 경로

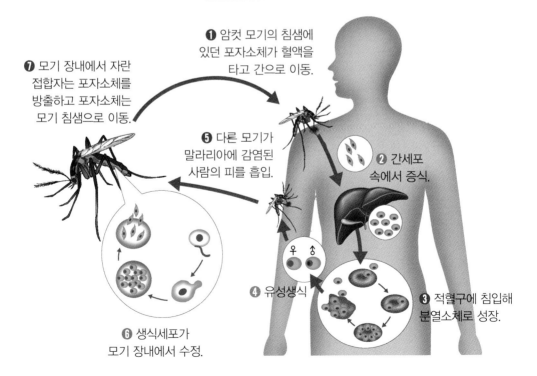

❶ 암컷 모기의 침샘에 있던 포자소체가 혈액을 타고 간으로 이동.

❼ 모기 장내에서 자란 접합자는 포자소체를 방출하고 포자소체는 모기 침샘으로 이동.

❺ 다른 모기가 말라리아에 감염된 사람의 피를 흡입.

❷ 간세포 속에서 증식.

❹ 유성생식

❸ 적혈구에 침입해 분열소체로 성장.

❻ 생식세포가 모기 장내에서 수정.

아빠, 수업시간에 일본뇌염에 대해 배웠는데요, 이 병도 모기가 매개체가 돼서 생기는 감염병이죠?

맞아. 좀 전에 설명했듯이 모기도 감염병의 매개체가 될 수 있고 이 매개체를 통해 발생할 수 있는 질병은 말라리아나 일본뇌염 등이 있어.

일본뇌염 감염 경로

물새

생태계

모기

물새

모기

돼지

사람

갈수록 기온이 높아지면서 모기를 매개체로 한 감염병이 발생할 확률이 높아지겠어요.

맞아. 높은 기온으로 모기의 서식 지역과 개체수가 증가하고 있는 만큼 말라리아 발생 지역 역시 점차 넓어지고 있단다.

말라리아 환자 발생률(10만명 당)

10 미만

10 이상 1,000 미만

[출처 : 질병관리본부]

경기도

강원도

2016년 말라리아 환자 발생 지역별 분포

비브리오 패혈증

오염된 어패류를 날것으로 섭취하거나 상처 난 피부가 오염된 바닷물과 접촉하면 감염될 수 있다. 발병 38시간 내에 오한과 발열, 근육통, 물집, 피하 출혈, 궤양 및 괴사가 일어나고 치사율이 매우 높다. 예방으로는 어패류를 흐르는 물에 깨끗이 씻어 내고 반드시 익혀 먹는다. 다른 음식과 분리해서 보관하고 칼과 도마, 식기는 잘 소독해 사용한다. 몸에 상처가 있으면 바닷물에 들어가지 말아야 한다.

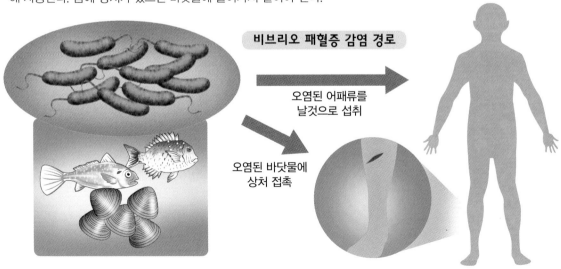

감염병은 감기 정도만 알고 있었는데 감염되는 경로도 다양하고 걸릴 수 있는 질병도 많은 것 같아요.

어! 여기 벽에 붙어 있는 것도 감염병에 대한 내용인 것 같은데?

감염병이란?

오, 그렇구나. 내가 설명하지 않은 다른 감염병 종류에 대해 설명해 놓은 것 같다.

근데 무슨 말인지 하나도 모르겠어요.

저건 나도 알고 있는 내용이야. 오랜만에 내가 나서 볼까?

너희들 흑사병에 대해 들어본 적 있니?

중세 유럽에서 유행했던 감염병 아니야?

흑사병으로 엄청난 사람들이 죽었다고 들었어.

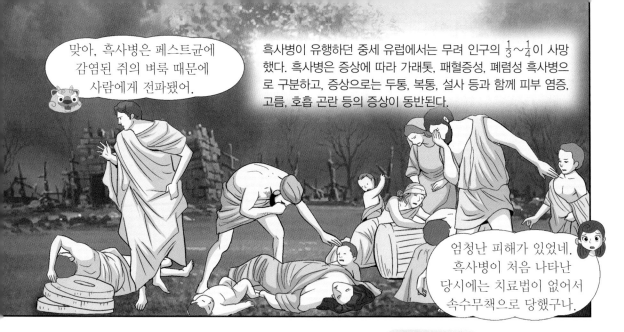

맞아, 흑사병은 페스트균에 감염된 쥐의 벼룩 때문에 사람에게 전파됐어.

흑사병이 유행하던 중세 유럽에서는 무려 인구의 $\frac{1}{3} \sim \frac{1}{4}$ 이 사망했다. 흑사병은 증상에 따라 가래톳, 패혈증성, 폐렴성 흑사병으로 구분하고, 증상으로는 두통, 복통, 설사 등과 함께 피부 염증, 고름, 호흡 곤란 등의 증상이 동반된다.

엄청난 피해가 있었네. 흑사병이 처음 나타난 당시에는 치료법이 없어서 속수무책으로 당했구나.

지카바이러스

주요 감염병에는 지카바이러스와 홍콩독감도 있어.

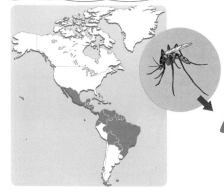

1952년 우간다와 탄자니아에서 처음으로 인체 감염 사례가 보고됐다. 일상적 접촉으로는 감염되지 않으며 감염된 숲모기에 의해 인체에 감염된다. 최근에는 수혈이나 성 접촉으로도 감염될 수 있다는 주장이 제기되고 있다. 지카바이러스는 소두증 신생아 출산과의 연관성이 제기되고 있으며, 2~14일 정도의 잠복기를 거쳐 발열과 두통, 근육통 등이 동반된다.

예방법 지카바이러스 발생 국가로의 이동을 자제하고 해당 지역에서 모기에 물리지 않도록 주의한다.

 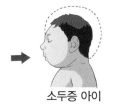 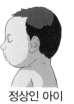

소두증 아이   정상인 아이

홍콩독감

1968년 홍콩에서 처음으로 발생한 인플루엔자로 2015년 초 독감이 기승을 부리면서 감염자의 약 70 %가 사망하는 결과를 낳았다. 공기를 매개로 감염되기 때문에 전염성이 매우 강하고 감염되면 발열이나 기침 등의 호흡기 질환이 나타난다.

예방법 충분한 수면과 휴식을 통해 면역력이 저하되지 않도록 하고 손 씻기나 기침 예절 등 개인위생에 신경 쓴다.

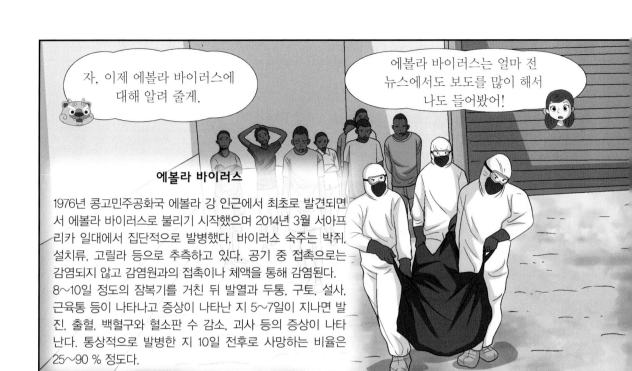

자, 이제 에볼라 바이러스에 대해 알려 줄게.

에볼라 바이러스는 얼마 전 뉴스에서도 보도를 많이 해서 나도 들어봤어!

에볼라 바이러스

1976년 콩고민주공화국 에볼라 강 인근에서 최초로 발견되면서 에볼라 바이러스로 불리기 시작했으며 2014년 3월 서아프리카 일대에서 집단적으로 발병했다. 바이러스 숙주는 박쥐, 설치류, 고릴라 등으로 추측하고 있다. 공기 중 접촉으로는 감염되지 않고 감염원과의 접촉이나 체액을 통해 감염된다. 8~10일 정도의 잠복기를 거친 뒤 발열과 두통, 구토, 설사, 근육통 등이 나타나고 증상이 나타난 지 5~7일이 지나면 발진, 출혈, 백혈구와 혈소판 수 감소, 괴사 등의 증상이 나타난다. 통상적으로 발병한 지 10일 전후로 사망하는 비율은 25~90 % 정도다.

치사율이 엄청나구나. 그럼 에볼라 바이러스는 어떻게 예방해야 하는 거야?

현재까지는 예방이 어려워. 자연 숙주와 감염 경로에 대한 분석이 부족하기 때문에 감염자를 격리 조치해서 타인과의 접촉을 피하는 게 가장 확실한 방법이야.

2003년 중국에서 발생한 중증급성호흡기증후군, 사스(SARS)는 대기를 통해 병원균이 옮겨지는데 증상은 독감과 비슷해.

사스(중증급성호흡기증후군)

중국 광동성에서 야생의 사향고양이를 잡아 식용으로 파는 과정에서 생긴 코로나바이러스가 감염의 원인으로 밝혀졌다. 사스에 감염되면 근육통, 기침과 같이 독감과 비슷한 증상을 보이지만 항상 38 ℃ 이상 고열이 발생한다는 특징이 있고, 중증환자가 걸리게 되면 폐렴과 호흡 곤란이 일어날 수도 있다.

신종플루 역시 호흡기 질환인데 A형 인플루엔자 바이러스가 변이를 일으켜 생긴 새로운 바이러스로 2009년에 전 세계적으로 감염을 일으켰어.

신종 플루 진료실

아, 맞아! 어렸을 때 나도 신종플루가 의심돼 병원에 가서 검사했었어.

그랬구나. 신종플루는 변이를 통해 만들어진 신형 바이러스라서 면역력이 없는 사람들 사이에서 대유행을 일으켰고 수많은 사망자를 냈지.

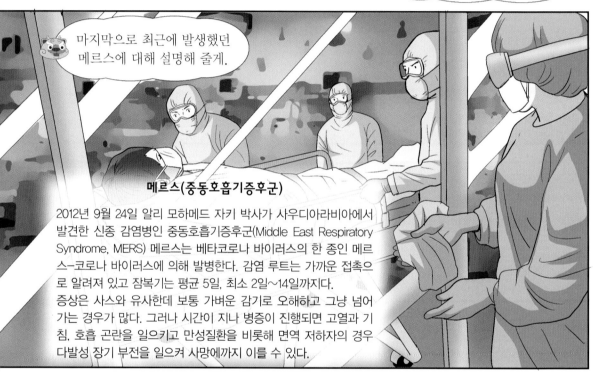

마지막으로 최근에 발생했던 메르스에 대해 설명해 줄게.

메르스(중동호흡기증후군)

2012년 9월 24일 알리 모하메드 자키 박사가 사우디아라비아에서 발견한 신종 감염병인 중동호흡기증후군(Middle East Respiratory Syndrome, MERS) 메르스는 베타코로나 바이러스의 한 종인 메르스-코로나 바이러스에 의해 발병한다. 감염 루트는 가까운 접촉으로 알려져 있고 잠복기는 평균 5일, 최소 2일~14일까지다. 증상은 사스와 유사한데 보통 가벼운 감기로 오해하고 그냥 넘어가는 경우가 많다. 그러나 시간이 지나 병증이 진행되면 고열과 기침, 호흡 곤란을 일으키고 만성질환을 비롯해 면역 저하자의 경우 다발성 장기 부전을 일으켜 사망에까지 이를 수 있다.

우리나라에도 많은 사람들이 메르스에 감염됐잖아.

맞아. 불안해서 항상 마스크를 쓰고 손세정제도 가지고 다녔어.

그래, 당시 감염에 대한 대처도 제때 되지 않아서 상황이 굉장히 급박하게 돌아갔던 기억이 나는구나.

많은 사람이 감염되고 사망에까지 이르게 한 메르스는 우리 관광산업에도 영향을 미쳤어.

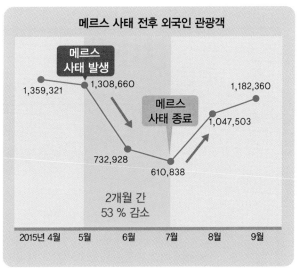

메르스 사태 전후 외국인 관광객

메르스 사태 발생

1,359,321   1,308,660   1,182,360

메르스 사태 종료   1,047,503

732,928

610,838

2개월 간
53 % 감소

2015년 4월   5월   6월   7월   8월   9월

[출처 : 한국관광공사 출입국 국가별 월별 통계]

메르스가 문화체육 관광산업에 미친 영향

• **외식 분야** : 음식점에서 사용한 카드 사용액 감소 및 평균 매출액 감소.
• **관광 분야** : 중화권을 중심으로 한 외국인 관광객 방문 감소.
• **문화 · 여가 분야** : 영화 관람객, 놀이공원 입장객, 박물관 방문객 등 감소.

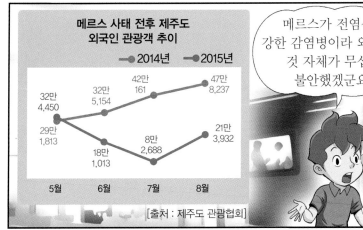

메르스 사태 전후 제주도
외국인 관광객 추이

2014년   2015년

32만
4,450   32만
5,154   42만
161   47만
8,237

29만
1,813   18만
1,013   8만
2,688   21만
3,932

5월   6월   7월   8월

[출처 : 제주도 관광협회]

메르스가 전염성이 강한 감염병이라 외출하는 것 자체가 무섭고 불안했겠군요.

그렇지. 특히 제주도와 같은 관광도시는 메르스로 인한 타격을 더 크게 받았지.

감염병은 초기에 대응을 제대로 하지 못하면 인명 피해는 물론이고 생계 활동에도 많은 피해를 주는 것 같아요.

아빠, 이렇게 전염성이 강한 감염병은 어떻게 해야 효과적으로 예방할 수 있을까요?

무엇보다 감염병이 발생했을 때를 대비한 대응체계를 강화하고 감염병 관리도 철저하게 하는 게 중요하단다.

감염병 관리 및 대처

- 과학적 전문성과 경험 축적을 통한 감염병 관리 체계 강화.
- 감염병을 비롯한 질병의 예방, 관리를 전담하는 중앙 감염병기구 역할 강화.
- 지자체 역량을 보강해 감염병 감시 체계 및 관리 강화.
- 감염 발생 시 신속한 초동 대응과 관련 기관 간의 협력 네트워크 구축.
- 의료기관의 감염병 관리와 감독 권한을 부여해 대응 체계 개선.
- 신종 감염병에 대한 신속한 정보 공유 및 검역체계 강화.
- 전문역학 조사팀을 조직해 감염병 발생에 대비.
- 지역별 격리센터 운영을 통해 감염 의심자 격리 실효성 확보.
- 신종 감염병에 대한 연구 개발을 확대하고 감염병 별로 대응 전략 개발.

무엇보다 감염병을 예방하는 가장 기본적이고 중요한 방법은 바로 손을 씻는 거야!

손 씻기요? 손은 항상 씻고 있는걸요?

아빠가 제대로 손 씻는 방법을 알려 줄게.

올바른 손 씻기

[출처 : 질병관리본부]

❶ 두 손의 손바닥을 마주대며 문지른다.

❷ 두 손의 손가락을 마주잡고 문지른다.

❸ 손등과 손바닥을 마주대며 문지른다.

❹ 한 손의 엄지를 다른 손 손바닥으로 돌리며 문지른다.

❺ 두 손을 마주대고 손깍지를 끼며 문지른다.

❻ 손바닥에 다른 손가락을 놓고 문지르면서 손톱 밑을 깨끗하게 닦는다.

대한민국을 혼란에 빠뜨린 메르스(MERS) 사태

중동호흡기증후군 환자 국내 첫 발생

2015년 5월 20일 우리나라에서 중동호흡기증후군, 메르스(MERS) 감염이 확인된 첫 환자가 발생했다. 감염자는 바레인에서 메르스에 1차로 감염이 된 채 5월 4일 국내로 귀국한 68세 남성이었다. 이 남성은 입국 7일 만에 38 ℃ 이상의 고열, 기침 등의 증상을 보이면서 병원에 입원했다.

고열   기침   호흡 곤란

이 환자의 증상을 의심한 의사는 질병관리본부에 메르스 확진 검사를 요청했지만 질병관리본부는 1차 감염자의 확진 검사 요청을 거부했고 검사를 차일피일 미뤘다.

계속되는 검사 요구에 질병관리본부는 메르스가 아닐 경우 해당 병원에 책임을 요구하며 검사를 진행했고 결과는 메르스 확진 판정이었다.

확진 판정을 받은 첫 번째 환자가 격리된 다음 날 최초 감염자의 부

인도 호흡기 증상이 있어 검사를 진행했고 그 결과 감염된 것으로 판명됐다. 이후 병원 의료진을 비롯해 같은 병동에 있던 환자, 가족 등 감염자가 기하급수적으로 증가하기 시작했다.

질병관리본부는 메르스가 사람 간 전염이 쉽지 않고 의료기관 방문으로 감염이 되지 않는다고 발표하는 등 메르스 사태에 대한 대응을 제대로 하지 못했다. 이들의 소극적 대처는 국민들의 혼란을 가중시켰다.

이번 메르스 사태로

감염자 186명, 사망자 38명이 발생했다. 그리고 2015년 12월 더 이상의 메르스 감염자가 발생하지 않고 마지막 메르스 환자가 사망하면서 방역당국은 메르스 상황 종료를 선언했다.

/ 재난뉴스 기자

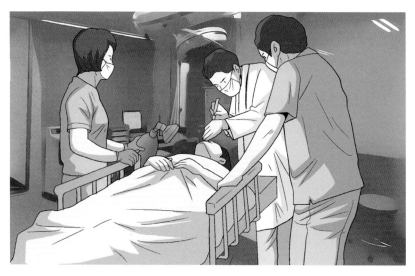

재난대처방법 감염병

감염병 예방을 위한 5대 국민 행동 수칙

[출처 : 질병관리본부]

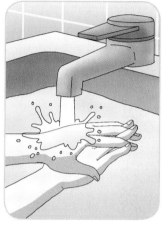

❶ 비누나 손세정제 등을 사용해 흐르는 물에 손을 깨끗하게 씻는다.

❷ 공공장소에서 기침이나 재채기를 할 때는 휴지나 옷소매 등으로 입과 코를 가린다.

❸ 물은 끓여서 마시고 음식물은 충분히 익혀서 섭취한다.

❹ 예방접종을 할 때는 표준 일정을 준수한다.

❺ 의료기관이나 시설에서 진료를 받을 때는 해외여행 이력을 반드시 알린 후 치료를 받는다.

이 다섯 가지 수칙을 꼭 지켜 주세요!

재난지식 노트

5대 신종·재출현 감염병 ☆ 꼭 기억하자!

[출처 : 질병관리본부]

(1) 메르스

중동 국가에서 발견된 중동호흡기증후군. 현재도 사우디아라비아를 중심으로 전파되고 있다. 낙타를 접촉하거나 이들을 통해 병원 내에 바이러스가 전파돼 소규모로 유행이 지속되고 있다. 국내에 유입될 가능성이 있으므로 주의가 필요하다.

예방법 개인위생을 철저히 하고 중동 방문 시 낙타 접촉을 피한다.

(2) 모기 매개 감염증

동남아시아, 열대 및 아열대 지방을 중심으로 나타나며 지카바이러스, 댕기열 등이 있다. 7~8월에 동남아시아에 가는 경우 주의가 필요하다. 특히 임신부가 지카바이러스에 감염되면 신생아 소두증 발생 가능성이 있으므로 여행을 연기하는 게 좋다.

예방법 야외에서는 긴 옷으로 몸을 가리거나 모기 퇴치제 등을 사용한다.

(3) 조류인플루엔자 인체감염증(H7N9)

여행객이나 철새를 통해 국내로 전파될 가능성이 높은 감염병으로 사람 간의 전파 가능성은 낮다.

예방법 가금류가 있는 곳은 피하고 섭취를 할 경우 완전히 익혀 먹는다.

(4) 병원성 비브리오감염증

바닷물 온도 상승으로 병원성 비브리오균이 발생하고 자랄 수 있는 조건이 갖춰지면 콜레라나 비브리오패혈증 등의 감염병에 걸릴 수 있다.

예방법 오염된 음식물은 먹지 않고 물을 끓여서 마신다.

(5) 바이러스성 출혈열

아프리카 등지에서 주로 발생하며 매개체를 통해 감염될 수 있기 때문에 감염된 동물의 섭취나 접촉을 피한다.

예방법 아프리카 방문 시 야생 쥐와의 접촉을 피하고 살균되지 않은 우유나 육류는 먹지 않는다.

5대 국내 유행 감염병 ☆ 꼭 기억하자!

[출처 : 질병관리본부]

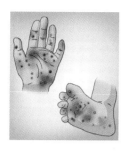

(1) 수족구병

5~8월 사이 크게 유행하는 감염병으로 미취학 아동에게 많이 발생한다. 손과 발에 수포성 발진이 나고 그 외에도 발열, 식욕 감소, 설사, 구토 등의 증상을 보이기도 한다.

예방법 아이들 장난감을 자주 소독하고 기저귀를 갈고 나면 손을 깨끗하게 씻는다.

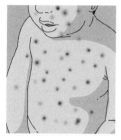

(2) 수두

4~6월, 11~1월 사이에 6세 이하의 어린아이나 초등학생에게서 주로 발생한다. 얼굴이나 두피, 몸 등에 가려움을 동반한 반점이나 수포가 발생한다.

예방법 수두를 앓은 적이 없는 아이의 경우 생후 12~15개월 사이에 예방접종을 한다.

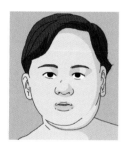

(3) 유행성 이하선염

4~6월에 유치원, 학교 등 집단 생활을 하는 공간에서 발생하기 쉬우며 주로 19세 미만 환자의 수가 많다. 발열, 이통, 아래턱의 각진 부위에 통증이 느껴지는 것이 대표적 증상이다.

예방법 생후 12~15개월, 만 4~6세 아이는 MMR백신을 접종하고 개인위생에 신경 쓴다.

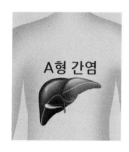

(4) A형 간염

계절에 상관없이 발생하는 감염병으로 20~40대 환자에게서 특히 많이 발생한다. 발열, 식욕 감퇴, 구역질이나 구토를 하고 황달이 보이면 A형 간염을 의심해 봐야 한다.

예방법 개인위생에 신경 쓰고 1, 2차에 걸쳐 예방접종을 한다.

(5) 레지오넬라증

계절에 상관없이 급성 질환으로 발생하며 발열, 오한, 마른기침, 콧물, 인두통, 설사 등의 증상이 약 2~5일간 지속된다.

예방법 주기적으로 냉각탑 청소와 소독을 한다.

으아! 힘들게 쌓았는데 다 무너졌잖아.

미안, 미안. 살짝 스쳤는데 도미노가 순식간에 다 넘어질 줄 몰랐어.

빨리 내 카드 원래대로 만들어 놔!

아이쿠, 이거 원 정신이 하나도 없구나.

흠, 이거야말로 복합적인 재난이 아닐 수 없네.

아하, 안전이가 복합재난에 대해 공부하고 있었나 보구나.

안전아, 그게 무슨 소리야? 복합… 뭐?

지금처럼 도미노가 넘어지면서 카드 탑까지 함께 무너지는 상황이 복합재난과 비슷해서 한 말이야.

복합재난에 대한 법적 정의는 따로 없지만, 일반적으로 취약한 요소들에 의해 재난이 발생했을 때 서로 연관성을 가진 두 개 이상의 재난이 생기는 것을 말한단다.

외국의 복합재난에 대한 정의

(법률에서는 명확한 정의가 없지만 관련 지침 및 매뉴얼에서 복합재난의 개념을 발췌함)

- **미국의 복합재난** : 대규모의 사상자와 피해자를 발생시키고 사람, 기반시설, 환경, 경제 등에 큰 영향을 끼치는 자연재해 또는 인위재해.

　　　　　　　　　　　　　　　　　　　　　　– 재앙적 사고 부속서(Catastrophic Incident Annex)

- **일본의 복합재난** : 동시에 또는 순차적으로 두 개 이상의 재해가 발생해 그 영향이 복합화하면서 피해가 심각해지고 재해에 대한 응급 대응이 어려운 사건.

　　　　　　　　　　　　　　　　　　　　　　　　　　　　　　– 방재기본계획

삼촌, 제가 쌓은 카드가 무너진 이유는 누나 때문인데, 실제로 복합재난이 발생하는 이유는 뭐예요?

으이그! 미안하다고 했잖아!

복합재난이 발생하는 이유는 아주 다양해.

세계 곳곳에서 지구온난화와 같은 기후 변화로 예측이 어려운 자연재해가 발생하고 있어. 기술 발달과 함께 도시환경이 복잡해지면서 자연재해의 영향이 사회적 재난을 유발하는데, 이 과정에서 대형 복합재난이 발생하게 되는 거란다.

각종 재난이 동시에 발생하면서 어떤 피해를 줄지 예상할 수 없는 경우를 대형 복합재난이라고 하는 거군요.

책에서 봤는데 복합재난은 동시에 일어나기도 하고 연쇄적으로 일어나기도 한대.

그래, 두 사람 말이 다 맞아. 대형 복합재난은 평소에 경험하지 못하는 재난이기 때문에 기존의 재난 관리 방식과는 다른 새로운 관리 방식과 대응체계가 필요하지.

삼촌, 복합재난에 제대로 대응하기 위해서는 먼저 복합재난이 어떤 특징을 갖고 있는지부터 알아야 하지 않을까요?

오호! 아주 예리하고 중요한 질문이야. 그럼 과거의 재난과 현재의 복합재난이 어떤 구조를 가지고 있는지부터 설명해 줄게.

과거에는 '자연-인간', '사회-인간'처럼 이차원적인 구조로 재난이 발생했어. 하지만 재난의 규모가 커지고 복잡해지면서 재난 유형 간 연쇄적인 반응을 통해 삼차원적인 복합재난 형태로 변하고 있단다.

복합재난의 시대적 변화

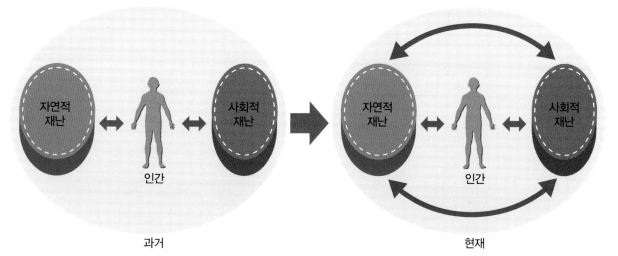

아, 현대에는 자연재난, 인위재난, 사회재난이 서로 얽히면서 대형 복합재난이 된다는 뜻이구나.

박사님, 복합재난의 특징 중에서 빼놓을 수 없는 게 동시성과 연속성이라고 하던데요.

정확히 어떤 의미인가요?

동시성과 연속성은 대형 복합재난에서 아주 중요한 두 가지 요소란다.

복합이라는 말을 사용하는 이유는 재난이 동시에 오거나, 하나의 재난이 발생한 후에 그 영향으로 다른 재난이 발생하기 때문이야.

재난의 동시성

- 다른 재난이 하나의 대상물에 대해 동시에 일어나는 경우.
- 하나의 대상물에 동시에 타격을 입히거나 처음 영향을 준 재난의 영향이 사라지기 전 두 번째 재난이 영향을 미치는 경우.

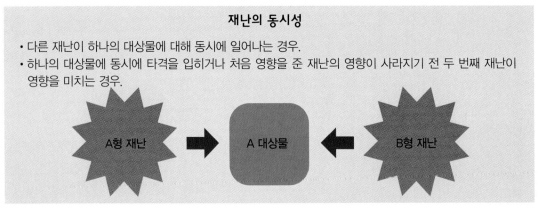

재난의 연속성

- 하나의 재난이 발생한 후 이 영향으로 두 번째 재난이 발생하는 경우.
- 하나의 요소가 쓰러지면서 다른 요소에 영향을 준다고 해 도미노 재난(Domino disaster)이라고 할 수 있다.

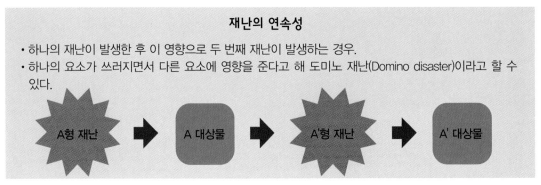

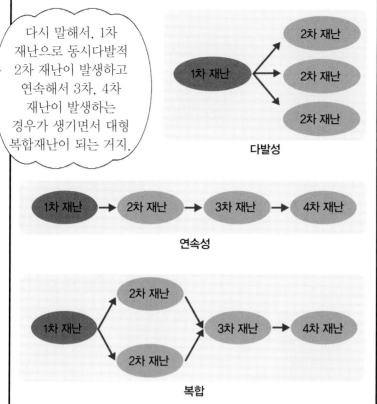

다시 말해서, 1차 재난으로 동시다발적 2차 재난이 발생하고 연속해서 3차, 4차 재난이 발생하는 경우가 생기면서 대형 복합재난이 되는 거지.

다발성

1차 재난 → 2차 재난 → 3차 재난 → 4차 재난

연속성

복합

요즘은 왜 재난이 동시에 그리고 연속해서 생기는 걸까요?

아, 그렇지. 복합재난의 원인에 대해 좀 더 자세하게 설명해 주면 이해하기 쉬울 거야.

복합재난의 원인

(1) 사회 환경, 경제 환경 등의 복잡화 및 다변화

도시 구조물의 대형화, 밀집화, 복잡화, 노후화 등으로 재난 발생의 위험이 점차 높아지고 있다. 또 도시로의 인구 집중과 신종 업종의 증가로 생활공간에서의 안전 수요가 점차 증가하는 것도 복합재난이 발생하는 이유 중 하나다.

(2) 지구온난화 및 환경 파괴에 따른 기상이변

가뭄, 산불, 풍수해, 아열대성 기후 증가 등과 같은 기상이변으로 인적 · 물적 재산 피해가 증가하고 있다. 이런 현상으로 과거에 발생하던 재난이 다른 형태의 재난과 결합해 대형 복합재난이 발생할 수 있다.

(3) 비즈니스의 거대화

개인, 회사, 단체, 국가는 단순히 물건을 판매하거나 이동하는 것에 그치는 것이 아니라 정보와 서비스의 이동과 교환 등의 활동을 통해 그 규모가 거대하고 복잡해졌다. 이런 상황에서 하나의 사고가 발생하면 연관되는 많은 기업과 단체, 사람들이 영향을 받게 된다.

(4) 네트워크

전력, 통신과 같은 네트워크가 거대하고 촘촘하게 연결돼 있고 대부분의 사람들은 이 네트워크 속에서 생활한다. 이처럼 모든 것이 하나로 연결돼 있는 상태에서 어느 한 부분에 문제가 발생하면 연결된 모든 사람들이 직간접적으로 영향을 받을 수밖에 없다.

(5) 분쟁과 테러 위험의 증가

단체나 국가 간 이해관계에 따라 갈등과 분쟁은 끊임없이 발생하고 있고 이 분쟁이 어떤 형태로 표출되는지에 따라 방사능, 생화학 등과 같은 테러 발생의 위험이 존재한다.

여러 재난이 복합적으로 발생하는 것처럼 그 원인도 굉장히 다양하고 복잡하군요.

박사님 설명을 듣고 보니 몇 년 전 일본에서 발생한 원전 사고도 복합재난이라고 할 수 있겠어요.

맞아. 후쿠시마 원전 사고는 도미노처럼 재난이 연쇄적으로 발생한 대표적인 대형 복합재난이란다.

2011 동일본 대지진의 재난 연쇄성

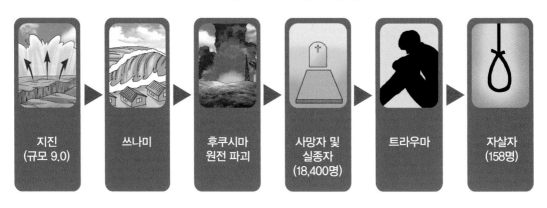

지진 (규모 9.0) ▶ 쓰나미 ▶ 후쿠시마 원전 파괴 ▶ 사망자 및 실종자 (18,400명) ▶ 트라우마 ▶ 자살자 (158명)

연쇄적으로 발생하는 재난의 피해가 얼마나 심각한지 이제 좀 실감이 나는 것 같아요.

삼촌, 그래도 우리나라는 일본처럼 쓰나미와 같은 재난 위험은 없겠죠?

무슨 소리! 우리나라는 3면이 바다로 둘러싸여 있고 지진이 자주 발생하는 일본과 가까이 있기 때문에 쓰나미로부터 안전하다고 할 수 없어.

맞아요! 실제로 1983년과 1993년 일본 근처 바다에서 지진해일이 발생해 피해를 입은 사례를 책에서 읽었어요.

그래, 쓰나미는 바다를 통해 세계 여러 곳으로 전달되고, 해안에서 반사된 파가 다른 곳으로 이동하기 때문에 다양한 양상으로 나타날 수 있단다.

쓰나미가 발생했을 때 피해를 최소화하기 위해서는 기본적인 대피 사항을 잘 숙지하고 있어야 해.

지진해일 예보가 발령되면

• 신속하게 높은 지역으로 이동한다.
• 이동할 시간이 부족한 경우 붕괴 위험이 없는 높은 건물 옥상으로 대피한다.

2011년 7월 집중호우로 인한 복합재난

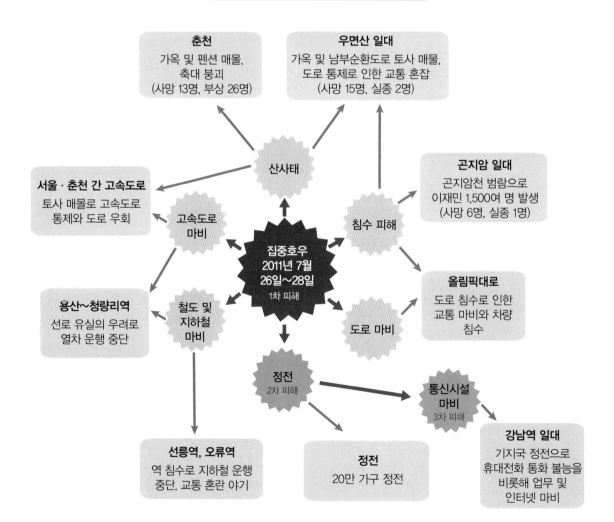

춘천
가옥 및 펜션 매몰,
축대 붕괴
(사망 13명, 부상 26명)

우면산 일대
가옥 및 남부순환도로 토사 매몰,
도로 통제로 인한 교통 혼잡
(사망 15명, 실종 2명)

산사태

곤지암 일대
곤지암천 범람으로
이재민 1,500여 명 발생
(사망 6명, 실종 1명)

서울 · 춘천 간 고속도로
토사 매몰로 고속도로
통제와 도로 우회

고속도로 마비

침수 피해

집중호우 2011년 7월 26일~28일
1차 피해

용산~청량리역
선로 유실의 우려로
열차 운행 중단

철도 및 지하철 마비

도로 마비

올림픽대로
도로 침수로 인한
교통 마비와 차량 침수

정전
2차 피해

통신시설 마비
3차 피해

선릉역, 오류역
역 침수로 지하철 운행
중단, 교통 혼란 야기

정전
20만 가구 정전

강남역 일대
기지국 정전으로
휴대전화 통화 불능을
비롯해 업무 및
인터넷 마비

세상에! 집중호우로 발생하는 2차 피해가 이렇게나 많았군요.

그렇지? 1차 피해인 집중호우가 산사태, 고속도로 마비, 정전 같은 2차 피해를 발생시키고 상황이 악화되면 3차, 4차 피해로까지 확대될 수 있는 거야.

파아아악

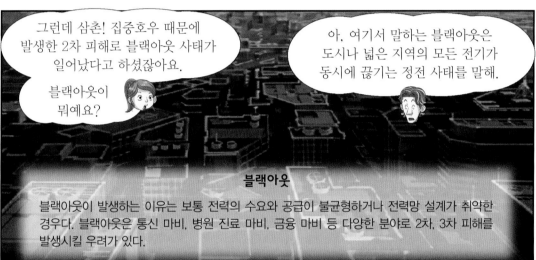

그런데 삼촌! 집중호우 때문에 발생한 2차 피해로 블랙아웃 사태가 일어났다고 하셨잖아요.

블랙아웃이 뭐예요?

아, 여기서 말하는 블랙아웃은 도시나 넓은 지역의 모든 전기가 동시에 끊기는 정전 사태를 말해.

블랙아웃

블랙아웃이 발생하는 이유는 보통 전력의 수요와 공급이 불균형하거나 전력망 설계가 취약한 경우다. 블랙아웃은 통신 마비, 병원 진료 마비, 금융 마비 등 다양한 분야로 2차, 3차 피해를 발생시킬 우려가 있다.

블랙아웃 사태에 대해 전문가들은 규모의 차이만 있을 뿐 전 세계에서 끊임없이 일어난다고 말했어.

미국의 대규모 정전 사태

1977년 7월 13일 뉴욕시 인근에 위치한 '콘 에디슨' 원전에 벼락이 떨어지면서 뉴욕시는 25시간 동안 블랙아웃을 겪었다. 이 사고로 모든 전기 장치들의 사용이 불가했고, 약 3,000여 개의 점포가 강도, 절도범들에 의해 피해를 입었다. 블랙아웃 사태는 2003년 8월 14일에 또 한 번 뉴욕을 덮쳤고 주변 지역을 암흑으로 바꾸어 놓았다. 전문가들은 블랙아웃은 규모의 차이가 있을 뿐 전 세계적으로 끊임없이 일어난다고 말하고 있다.

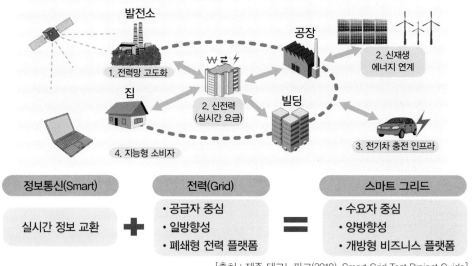

음, 그렇다면 블랙아웃 사태를 조금이라도 줄이거나 피해를 최소화할 수 있는 방법은 없는 건가요?

전기 공급량보다 수요가 훨씬 많으면 정전이 발생하니까 전력 공급량을 늘리면 되지 않을까?

블랙아웃 사태는 충분한 예비전력을 가지고 있어도 발생할 수 있어. 대규모 정전사태는 수요와 공급의 불균형뿐 아니라 낙뢰, 관리 소홀 등 원인이 다양하거든.

그래서 요즘은 블랙아웃을 방지하기 위한 대책으로 스마트 그리드(Smart Grid)가 급부상하고 있단다.

스마트 그리드(Smart Grid)

스마트 그리드란 전력망의 '그리드(Grid)'와 스마트(Smart)를 더한 것으로 지능형 전력망을 말한다. 기존에 설치된 전력망에 통신 기능을 추가해 실시간으로 서로 정보를 교환하는 시스템이다.
말 그대로 똑똑한 전력관리 시스템을 말하는데 이 스마트 그리드는 정전이 발생한 지역의 전력공급 시스템을 국부적으로 차단해 다른 지역에까지 피해가 확산되는 상황을 방지할 수 있다.

발전소

공장

2. 신재생 에너지 연계

1. 전력망 고도화

집

2. 신전력 (실시간 요금)

빌딩

4. 지능형 소비자

3. 전기차 충전 인프라

정보통신(Smart)		전력(Grid)		스마트 그리드
실시간 정보 교환	+	• 공급자 중심 • 일방향성 • 폐쇄형 전력 플랫폼	=	• 수요자 중심 • 양방향성 • 개방형 비즈니스 플랫폼

[출처 : 제주 테크노파크(2010), Smart Grid Test Project Guide]

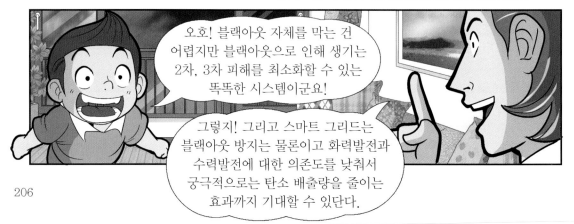

오호! 블랙아웃 자체를 막는 건 어렵지만 블랙아웃으로 인해 생기는 2차, 3차 피해를 최소화할 수 있는 똑똑한 시스템이군요!

그렇지! 그리고 스마트 그리드는 블랙아웃 방지는 물론이고 화력발전과 수력발전에 대한 의존도를 낮춰서 궁극적으로는 탄소 배출량을 줄이는 효과까지 기대할 수 있단다.

박사님, 복합재난은 도로나 정전과 같이 시설에만 피해를 주는 게 아니라 사람에게 직접적인 피해를 주기도 할 것 같아요.

맞아, 맞아! 일본 후쿠시마 원전 사고 때문에 원전에 피폭된 사람들이 많다고 들었어.

방사능에 대해 공부해서 알겠지만 인체에 직접적으로 노출되면 굉장히 위험한 건 알고 있지?

후쿠시마에 거주하는 많은 주민들도 정도의 차이가 있겠지만 방사능 피폭으로 피해를 입었겠네요.

그렇단다. 그리고 또 하나 걱정인 점은 방사능에 오염된 토양이나 바다에서 채취한 동식물을 우리도 모르는 사이에 섭취할 수도 있다는 거야.

방사능에 오염된 후쿠시마의 하천과 해양

후쿠시마 원전 사고가 발생한 지 4년이 지난 시점에서 후쿠시마 미나미소사미를 지나는 니이다 강에서 채취한 사료에는 방사성 세슘이 최대 9,800 Bq/kg까지 검출됐다. 이처럼 방대한 규모의 방사능에 오염된 산림과 하천 생태계는 지속적으로 주변을 다시 오염시키게 된다. 특히 해양의 경우 강하고 복잡한 해류가 흐르고 있는 방대한 규모의 태평양을 고려하면, 그 오염이 얼마나 광범위하게 확산됐는지 알 수 있다.

하천과 산림 생태계에 남아 있는 방사능은 쉽게 제거할 수 없기 때문에 후쿠시마 재난으로 인한 환경오염과 주민 건강에 대한 위험은 심각하다고 할 수 있어.

박사님, 후쿠시마 원전에서 나온 방사능 오염수가 유출된 일도 있었잖아요.

아, 그렇지. 2016년에 방사능 오염수가 누출된 사고가 있었구나.

후쿠시마 원전 고농도 오염수 저장 탱크 누수

2016년 10월 6일 일본 후쿠시마 제1원자력발전소에 설치된 방사성 오염수 저장 탱크에서 고농도 오염수가 누출됐다. 조사 결과 볼트로 접합된 저장 탱크의 이음새 부식이 누출의 원인으로 지적됐고, 이 사고로 약 32리터 가량의 오염수가 주변의 빗물 등과 섞인 것으로 추정됐다.

오염수가 바다로 흘러 들어가면 해류를 타고 더 넓은 지역으로까지 확산될 텐데….

그러게 말이야. 쓰나미가 원전 사고를 일으키면서 복합재난이 발생했고, 그 피해는 주변 지역뿐만 아니라 멀리 떨어져 있는 곳까지 퍼질 수 있는 거구나.

그래서 복합재난이 동시에, 때로는 연쇄적으로 발생하면 피해 형태도 다양하고 규모도 급격히 커지는 거란다.

복합재난이 발생하면 그 피해는 이 도미노가 무너지는 모습이랑 비슷한 것 같아.

어! 불이 꺼졌네.

갑자기 무슨 일이지? 블랙아웃인가?

이럴수가! 방금 세운 도미노가 또 무너졌잖아!

화장실 불을 끈다는 게 실수로 거실 등을 꺼 버렸네.

너 이 녀석! 복수하려고 일부러 그런 거지!

재난뉴스

대지진이 가져온 최악의 원전 사고

2011년 3월 11일 일본 도쿄에서 동북쪽으로 370 km 떨어진 태평양 앞 바다에서 규모 9.0의 지진이 발생했다. 이 지진의 영향으로 후쿠시마에 위치한 제1원전 1~3호기와 제2원전의 1~4호기가 멈췄다.

지진이 발생한 지 52분 정도 뒤에 후쿠시마 연안으로 10 m 이상의 해일이 밀려들었고, 이 해일로 제1원전에 있는 6기의 원전이 전부 침수됐다. 이 침수로 제1원전 1호기의 콘크리트 건물이 폭발했고 복구 작업을 하던 직원 4명이 부상을 당했다.

1호기에 이어 3호기가 수소 폭발을 일으켰고 이 사고로 직원 6명이 추가로 부상을 입었다. 설상가상으로 2호기와 4호기까지 연달아 수소 폭발을 하면서 사고는 더 이상 손 쓸 수 없는 상태에 이르렀다.

이 사고로 방사성 물질이 다량 유출됐고, 제1원전으로부터 300 km 이내에 있는 지역의 방사능 수치가 급상승했다. 또 대지진으로 인해 1만 8,400명의 사망자가 발생했다.

특히 동일본 대지진의 피해로 사망한 사람들의 가족과 부상자들은 극

심한 정신적 스트레스를 호소했고 급기야 158명이 자살하는 끔찍한 결과를 초래했다.

/ 재난뉴스 기자

재난대처방법 복합재난

지진해일이 발생했을 때

☐ 가능한 모든 통신수단을 동원해 가족과 이웃, 지역 주민들에게 재난 사실을 알린다.

☐ 해안 근처에서 강한 진동이 느껴진다면 2~3분 이내로 국지적 해일이 발생할 수 있기 때문에 신속하게 고지대로 대피한다.

☐ 항해 중인 선박은 수심이 깊은 바다로 대피하고, 지진해일 영향이 큰 방파제 안쪽에는 배를 정박하지 않는다.

☐ 대피 시 수도, 가스, 전기 등을 완전히 차단한다.

해일이 진행 중일 때

☐ 자동차와 같은 교통수단은 위험하니 절대 사용하지 말고 무리를 지어 대피한다.

☐ 고압전선, 전신주, 가로등, 신호등 근처로 접근하지 말고 해안으로부터 최대한 멀리 대피한다.

☐ 가족과 이웃, 지역 주민들에게 대피하도록 알린다.

☐ 목조 건물은 해일에 떠내려갈 수 있기 때문에 철근콘크리트로 지어진 튼튼한 건물의 높은 곳으로 대피한다.

☐ 낭떠러지나 급경사가 없는 높고 안전한 장소로 대피한다.

해일이 멈춘 후

☐ 기름, 오폐수 등으로 물이 오염된 경우가 많기 때문에 물 근처로 가지 않는다.

☐ 도로와 제방이 약화돼 붕괴 위험이 있으므로 주의하고 접근하지 않는다.

☐ 새어 나온 가스가 집 안에 축적돼 있을 수 있으므로 불을 사용하지 않고 환기시키며, 습한 곳에서 가전도구를 건조시키지 않는다.

☐ 오염물 침수가 의심되는 음식이나 저장식수, 수돗물 등을 함부로 먹지 않는다.

대규모 정전 발생 시

☐ 양초나 손전등을 켜고 휴대용 라디오 등으로 재난 상황 방송을 듣는다.

☐ 한전 전기선로의 결함일 경우 신속히 복구되나 재해 유형에 따라 장기간 복구 작업이 진행될 수 있으므로 침착하게 기다린다.

정전 발생 시 엘리베이터 안에서

☐ 실내 조명이 꺼져도 당황하지 말고 비상벨로 구조를 요청한다.

☐ 119에 신고할 때 엘리베이터 내에 고유 번호를 불러주면 구조에 큰 도움이 된다.

☐ 엘리베이터 출입문에 기대지 말고 강제로 문을 열면 추락할 위험이 크므로 외부의 구조를 기다린다.

☐ 엘리베이터 안에서는 폐소공포증이나 불안 증세가 생길 수 있는 만큼 안정된 자세와 심호흡으로 침착하게 구조를 기다린다.

외부에서 정전을 만났을 때

☐ 실내 공연장 및 행사장에서 정전이 되면 당황하지 말고 비상조명이 점등될 때까지 제자리에서 기다리며 시설 관리자 또는 행사 주최자의 안내를 따른다.

☐ 장시간 정전이 예상되면 안내에 따라 비상구에서 가장 가까운 시민부터 천천히 대피한다.

방사능 물질(낙진) 경보 발령 때

☐ 오염된 공기의 실내 유입을 막기 위해 창문과 문을 밀폐하고 식수나 음료수 등은 밀폐용기에 보관한다.

☐ 실내 공기가 습하면 방사성 물질의 잔류 시간이 길어지기 때문에 실내 공기를 건조하게 한다.

☐ 각종 매체를 통해 정보를 청취하고 재난 책임 기관의 공식 발표에 따라 행동한다.

☐ 경보가 해제될 때까지 가급적 실내에 머무르고 외출이 불가피한 경우 보호 장비(우의, 보안경, 모자 등)를 반드시 착용한다.

☐ 바깥에서는 포장이 뜯긴 음식을 섭취하지 않으며 외출 후 집에 돌아오면 오염물질 제거를 위해 깨끗하게 씻는다.

방사능 낙진 때

☐ 사고 현장을 신속하게 대피하고 가급적 건물 내에 머물면서 외부 공기의 유입을 최소화한다.

☐ 우물, 장독 뚜껑 등은 덮어두고 채소, 과일 등은 잘 씻어서 섭취한다.

☐ 옥외에서 음식물을 섭취하지 말고, 외출할 경우 보호 장비(우산, 비옷, 마스크 등)를 착용한다.

방사능 최소화 방법

☐ 방사능 물질로부터 최대한 멀리 떨어진 곳으로 대피한다.

☐ 콘크리트로 지어진 주변 건물로 대피한다.(콘크리트와 같이 밀도가 높고 두꺼운 벽이 있는 경우 방사선 투과율이 낮아져 피해를 줄일 수 있다.)

☐ 방사선은 짧은 시간에도 그 위력이 약해지기 때문에 방사능에 노출되는 시간을 최소화한다.

방사능 누출 시 집에서

☐ 모든 창문과 출입문을 닫고 환풍구, 에어컨, 공기청정기 등은 전원을 끈 후 테이프로 밀폐시킨다.

☐ 집 안에서는 외부와 가까운 곳보다는 최대한 안쪽에 있는 방으로 대피하고, 지하실이 있는 경우 지하실로 신속하게 대피한다.

☐ 재난 관련 책임 기관에서 안전하다는 공식 발표가 날 때까지 집 안에 머무른다.

방사능 누출 시 직장에서

☐ 출입문과 건물의 모든 창문을 잠근 후 문 틈새를 테이프나 물수건 등으로 밀폐시킨다.

☐ 에어컨, 환풍기, 공기정화장치 등의 전원을 모두 끄고 오염 물질 유입 위험이 있는 틈새를 밀폐시킨다.

☐ 최대한 건물의 안쪽으로 대피해 방사능 유입과 노출을 최소화한다.

OFF

지하도 입구

방사능 누출 시 외부에서

☐ 외출 중인 경우 손수건이나 옷가지 등으로 입과 코를 막고 주변에 대피할 만한 곳을 찾는다.

☐ 콘크리트로 지어진 건물이나 지하도 안으로 신속하게 대피한다.

☐ 버스에 타고 있을 경우 신속하게 버스에서 내려 입과 코를 막고 가까운 건물이나 지하도로 대피한다.

☐ 지하철의 경우 승무원의 안내에 따라 지하시설 내부에서 침착하게 행동하고 주변 사람들에게 본인의 상황을 알리고 안심시킨다.

재난지식 노트

지진해일에 대한
기본적인 지식을 기억해요!

자주적 방재 활동에 필요한 지진해일 상식 ☆ 꼭 기억하자!

❶ 일본 서해안 지진대에서 규모 7.0 이상의 지진이 발생하면 우리나라 동해안에 약 1시간~1시간 30분 뒤 지진해일이 도달한다.

❷ 지진해일이 미치는 범위는 동해안 전역으로, 지진해일의 파고는 최대 3~4 m 정도이며 저지대 해안가의 경우 침수 위험이 있다.

❸ 일반적으로 지진해일의 초동은 물이 빠지는 것으로 시작되는데 경우에 따라서는 항 바닥이 드러나기도 한다.

❹ 지진해일의 특징은 여러 차례에 걸쳐 열을 지어 도달한다는 것이다. 이때 제1파보다 2, 3파의 크기가 더 클 수도 있다.

❺ 지진해일로 인한 해수면의 진동은 길게는 10시간 이상 지속되기도 한다.

❻ 지진해일이 내습하는 속도는 사람의 일반적인 움직임보다 빠르고 그 힘도 사람보다 세다.

❼ 가령 약 30 ㎝ 정도의 해일이 내습하는 상황에서 성인은 걸을 수 없고, 약 1 m 정도의 해일에서는 목조물이 파괴되고 인명 피해까지 생길 수 있다.

❽ 해안가에 정박된 선박이나 다른 물건들은 지진해일의 내습으로 육지로 운반되는 경우가 있는데 이때 가옥과 충돌하는 사고가 생길 수 있다. 또 지진해일 내습에 떠밀려온 물체들이 육지의 유류탱크와 같은 화학물질과 충돌하면 화재를 일으키기도 한다.

❾ 지진해일은 예고 없이 내습하며 바다로 연결된 하천을 따라 역상하기도 한다.

비상대비

전쟁기념관

얘들아,
여기야, 여기!

번
쩍

늦어서 죄송해요.

애가 늦잠을
자는 바람에….

헉
헉
헉

타다다닥

일어나서
또 자 버렸네요.
죄송합니다!

헤
헤

괜찮아, 우리도
이제 막 도착했어.

방
긋

너희들 전쟁기념관은
처음이지?

다들 모인 것
같으니 이제 안으로
들어가자꾸나.

전쟁기념관이라고 해서 크고 무서운 무기들만 잔뜩 있을 줄 알았는데 그렇지 않구나.

전쟁은 나쁜 건데 전쟁을 기념한다는 게 이해가 안 돼요.

아, 이곳은 전쟁 속에서 우리나라를 지킨 분들을 기리고 전쟁의 역사를 통해 교훈을 새기기 위한 의미로 지어진 기념관이야.

그렇구나. 사실 저는 전쟁을 직접 겪어 보지 않아서 전쟁에 대해서 실감이 잘 안 났는데 이번 기회에 제대로 공부해야겠어요.

아주 좋은 자세구나. 자, 그럼 전쟁이 무엇인지부터 알아보자.

전쟁이란?

- 국가 또는 정치 집단이 어떤 목적을 두고 폭력이나 무력을 사용하는 상태.
- 군사력을 이용해 집단이 정치 목적을 달성하려는 행위.
- 군사력을 이용하면서 생긴 국가와 국가 사이의 대립 상태.
▶ 일반적으로 국가 또는 그에 준하는 집단이 방위나 이익을 취하기 위한 목적으로 무력을 통해 전투를 일으키는 행위를 말한다.

 2차 세계대전을 이해하려면 먼저 1차 세계대전부터 알고 있어야 해.

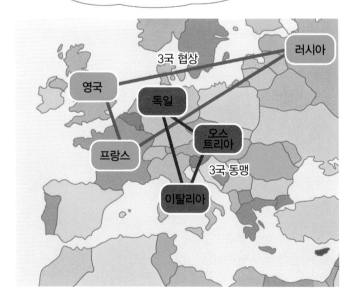

제1차 세계대전

1914년 7월 28일부터 1918년 11월 11일까지 유럽을 중심으로 일어난 세계대전. 전 세계의 경제를 두 편으로 나누는 강대국 동맹끼리의 거대한 충돌이었다. 한쪽은 영국, 프랑스, 러시아를 중심으로 한 협상국이었고 다른 쪽은 독일, 오스트리아, 이탈리아의 동맹국이었다.

이 전쟁의 직접적인 원인은 1914년 6월 28일 사라예보에서 오스트리아–헝가리 제국의 왕위 후계자가 세르비아 국민주의자에게 암살당하는 사건이었으나 근본적인 원인은 신제국주의 때문이었다. 이 사건으로 강대국끼리의 전쟁이 시작됐고 분쟁은 전 세계로 퍼져나갔다.

1차 세계대전이 끝나고 나서 이와 같은 끔찍한 전쟁이 발생하는 것을 막기 위해 국제연맹이 생겨났어. 하지만 유럽의 민족주의 부활과 독일의 파시즘으로 인해 실패하면서 상황이 악화됐고 제2차 세계대전이 발발하게 된 거지.

박사님, 독일의 파시즘이 나치와도 관련이 있는 거죠?

맞아. 나치는 독일 민족사회주의 노동자당(National Socialist German Worker's Party)의 약칭이야.

히틀러는 이 나치 독일의 중심이 되는 인물이었는데 독일 민족만이 최고라는 전체주의적 사고 방식으로 다른 민족을 극심하게 배척했지.

아돌프 히틀러(Adolf Hitler)
1889년 4월 20일 ~ 1945년 4월 30일

아돌프 히틀러(Adolf Hitler)

철저한 전체주의와 최악의 인종 차별주의 정신으로 무장한 히틀러는 독일의 경제 위기와 사회 혼란을 틈타 기존 체제를 부정했다. 과거 베르사유 체제를 전면 부정하면서 재군 비라는 명목으로 무기와 병력을 확장시켜 나가며 유럽 내에서 군사적 도발을 서슴지 않았고 급기야 제2차 세계대전을 일으킨다. 그리고 2차 세계대전 중에 최악의 홀로코스트, 즉 끔찍한 유태인 학살을 자행했다.

2차 세계대전이 발생했다는 건 알고 있었는데 그 배경에 이런 원인이 있는 줄 몰랐어요.

2차 세계대전이 발생한 이유는 독일의 군사적 도발 때문만은 아니야. 전쟁이 발발하기 전, 세계 경제 상황은 굉장히 불안했단다.

제2차 세계대전 발발 원인

1929년 세계 경제를 파탄 낸 경제공황으로 독일, 이탈리아, 일본은 심각한 경제난에 빠지게 됐는데, 이들 나라가 대외 침략으로 경제 위기를 벗어나려 하면서 세계대전 발발 위기가 높아졌다.

이윽고 1939년 9월 독일이 폴란드를 침공하자 영국과 프랑스가 이에 맞서면서 9월 1일 제2차 세계대전이 발발하게 된다. 한편 중·일 전쟁을 일으킨 일본이 1941년 진주만을 기습하면서 태평양 전쟁이 발발했다.

1942년 연합군의 반격으로 독일군은 큰 타격을 입었고 1945년 영국, 미국, 소련이 베를린을 점령하면서 독일은 무조건적인 항복을 하게 된다. 같은 해 8월 미국은 일본 히로시마와 나가사키에 원자폭탄을 투하하고 소련이 일본에 대한 선전포고를 하자 일본 역시 무조건적인 항복을 하면서 8월 15일 제2차 세계대전이 끝난다.

헉, 불안한 경제 상황에서 각국의 이해관계가 대립하면 이렇게 큰 전쟁으로 번질 수 있구나.

그래, 제2차 세계대전은 연합국과 전체주의 성향의 국가 사이에서 벌어진 세계적 규모의 전쟁이야. 이 전쟁은 파시즘 VS. 민족주의, 제국주의 VS. 민족 해방 투쟁이라는 점에서 복합적 성격을 띠고 있지.

이렇게 큰 전쟁이 일어난 지 100년도 채 안 됐다니….

그러게 말이야. 내가 태어나기 훨씬 전이라서 엄청 먼 과거의 일이라고 생각했는데 그게 아니었어.

참! 박사님, 지금도 각국에서는 전쟁에 대비한 무기들을 개발하고 실험하고 있잖아요. 요즘 뉴스에서 자주 보도되는 사드도 전쟁 무기라고 볼 수 있는 건가요?

맞아. 사드는 적의 미사일을 격추하기 위해 만든 미사일 방어의 핵심 무기 체계란다.

척-

사드(THAAD)

미국 군수업체인 '록히드마틴'이 개발한 미사일 방어의 핵심 무기 체계로, '종말 단계 고고도 미사일 방어'라고도 한다. 사드는 포물선으로 날아오다가 최고도에서 떨어지는 지점인 종말 단계에서 적의 탄도 미사일을 요격한다.

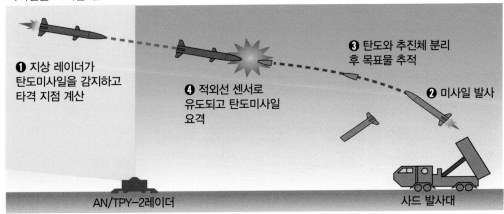

❶ 지상 레이더가 탄도미사일을 감지하고 타격 지점 계산

❹ 적외선 센서로 유도되고 탄도미사일 요격

❸ 탄도와 추진체 분리 후 목표물 추적

❷ 미사일 발사

AN/TPY-2레이더

사드 발사대

[출처 : 국방부]

헉! 지금도 세계 각국에서 전쟁 무기가 개발되고 있는 거면 전쟁이 또 일어날 수도 있겠네요.

물론이야. 지금도 세계 각국에서는 크고 작은 전쟁이 일어나고 그로 인해 생기는 인명과 재산 피해도 굉장히 크단다.

삼촌, 전쟁은 절대 일어나서는 안 될 끔찍한 폭력이지만 그래도 혹시 발생할지 모를 전쟁에 대비를 해야 할 것 같아요.

저도 같은 생각이에요, 박사님. 우리나라는 전쟁에 대비한 훈련이 이뤄지고 있나요?

물론이지. 현재 우리나라는 다양한 형태의 전쟁이나 비상사태를 대비한 훈련들이 이뤄지고 있단다.

전쟁에 대비해서 군인 아저씨들이 군대에서 훈련하는 거 말고 다른 훈련들은 어떤 게 있나요?

대표적으로 예비군 훈련과 민방위 훈련이 있어.

예비군 훈련

1968년 1월 21일 무장공비 31명이 청와대를 기습하는 사태를 계기로 같은 해 4월 1일 향토예비군이 창설됐다. 예비군은 평상시에는 일상적인 생활을 하다가 전쟁과 같은 유사시에 소집되는 우리나라 국군의 예비 전력을 말한다. 향토예비군이라고도 하며 지원자, 전역한 장병 중 특정 연령을 넘지 않은 남자가 그 대상이 된다. 예비군은 국가 비상사태 발생 시 현역군 부대 편성이나 작전 수요 동원에 대비하고 적의 침투 또는 무장 소요가 있거나 우려가 있는 지역 내에서 적의 소멸과 무장 소요를 진압한다. 중요 시설을 비롯한 병참선 경비 외에 '민방위기본법'에 의한 민방위대 업무 지원을 수행한다.

민방위 훈련

1975년 9월 22일 민방위기본법에 의해 안보 체제를 강화하기 위해 창설됐다. 민방위는 민간방위라고도 하며 적의 침략과 자연재해 등으로 인한 피해를 막기 위해 민간인이 주축이 된 집단을 말한다. 원래 전쟁 시 재해에 대비하는 민간인 방호 활동의 목적으로 만들어졌다. 그러나 오늘날에는 전쟁 피해를 최소화하는 활동 이외에 자연적·인위적 재해에 대처하는 광범위한 활동까지 포함하고 있다.

박사님, 비상사태를 대비해서 지방자치단체나 공공기관에서 하는 업무는 없나요?

좋은 질문이구나. 좀 생소하게 들리겠지만 비상대비계획(충무계획)이란 것도 있단다.

비상대비계획(충무계획)

국가에 전쟁 또는 이에 준하는 비상사태가 발생했을 때 효율적으로 대처하기 위해 세우는 계획. '비상대비자원관리법'에  의해 우리나라는 매년 상황에 따라 비상대비계획(충무계획)을 세우고 훈련, 점검 등을 통해 보완하고 있다.

우리나라 정부는 한국전쟁의 경험을 교훈 삼아서 1969년 정부 차원의 체계적인 비상대비계획(충무계획)을 수립했단다.

스윽

충무계획은 정부를 비롯해서 지방자치단체, 공공기관 등이 비상사태 발생 시 인력과 장비 등을 어떻게 동원하고 조치하는지를 상세하게 담고 있어.

아, 각 단체들이 비상시에 국민을 어떻게 보호하고 안정시키는지 그 방법을 알려 주는 지침서 같은 거네요.

아하!

탁-

그렇지! 1969년 충무계획이 수립된 이후 우리나라는 매년 이 계획을 보완하고 발전시키고 있단다.

懲毖錄

참! 조선시대에도 류성룡이 쓴 〈징비록〉이란 책이 있어. 혼낼 '징(懲)'과 삼가할 '비(毖)'를 써서 '벌주어 조심해야 할 기록'이란 뜻으로, '과거의 잘못된 것을 반성해 미래를 대비한다.'라는 뜻이란다.

이 책은 임진왜란의 원인과 전황 등을 기록하고 있어. 다시는 전란을 겪지 않도록 잘못된 부분은 반성하고, 전시 대비의 중요성을 말하고 있지. 하지만 안타깝게도 몇 백 년 뒤 일제의 식민지가 되는 큰 아픔을 겪었지.

그래서 전시 대비를 위해 이렇게 훈련을 하는군요.
아, 예전에 삼촌이 참여했던 을지연습도 말씀하신 훈련들이랑 비슷한 건가요?

오! 기억하고 있구나. 내가 매년 참여하고 있는 을지연습 역시 비상시를 대비한 훈련 중 하나야.

을지연습

1968년부터 시작된 을지연습은 전쟁 상황을 가상으로 만들어 놓고 국가 안보와 국민의 안전 및 피해를 최소화하기 위해 전국적으로 모든 행정기관 및 공공기관, 동원업체 등이 참여해 어디에서 어떤 조치를 취해야 하는지 연습하는 훈련이다.

을지연습도 민방위나 예비군 훈련처럼 오래 전부터 진행된 훈련이구나.

아빠! 을지연습은 어떻게 진행되는 거예요?

을지연습은 크게 도상 연습, 실제 훈련, 토의형 연습으로 구분해서 실시한단다.

도상 연습

실제 훈련　　토의형 연습

을지연습

(1) 도상 연습

전쟁이 발발했을 때 전장의 상황이 어떤지를 가상한 연습 시나리오를 작성하고 훈련 참가자들이 이에 따라서 서면으로 제반조치를 취하는 연습.

(2) 실제 훈련

전쟁이 발발했을 때 필요 인력 소집과 물자, 장비 등의 사용을 어떻게 할 것인지 사전에 계획하고 이 계획에 따라 동원 절차를 실제로 연습하면서 숙달시키는 훈련.

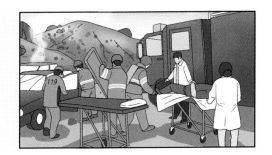

(3) 토의형 연습

전쟁에 대비한 계획에서 보완, 개선사항 등 부족한 부분의 해결책을 마련하기 위해 관련 기관과 담당자들이 한 장소에 모여 토의하는 연습.

우아, 굉장히 체계적으로 훈련이 이뤄지고 있구나!

삼촌, 정부나 공공기관에서 대비하는 것 말고 우리들이 할 수 있는 건 없을까요?

물론 있지. 좀 전에 말한 민방위 훈련이 그거야. 대피훈련, 소등훈련, 도우미 활동처럼 다양한 훈련이 있단다. 하지만 비상대피 장소는 물론 방독면 착용 방법도 모르는 사람이 많아.

뿐만 아니라 훈련 중 길거리에 걸어 다니는 사람도 있는 등 국민 의식이 약해져 안타깝단다. 내 가정과 이웃을 지키기 위해서는 민방위 훈련에 동참하고 '비상시 국민 행동요령'도 숙지하고 있어야 해.

박사님, 충무훈련도 을지훈련과 비슷한 훈련인가요?

안전이가 충무훈련도 알고 있구나. 충무훈련은 임진왜란 당시에 조선을 위기에서 구한 충무공 이순신 장군의 호국정신을 바탕으로 하는 훈련이야.

충무훈련

충무훈련은 매년 상·하반기에 시·도별로 3년 주기로 실시한다. 지역 단위 안보태세 확립을 목표로 동원 훈련 및 국가 기반시설 피해 복구 훈련 등 국민과 공무원, 군인이 합동으로 비상시 대처 능력을 높이는 지역별 종합 훈련이다. 1992년 정부 차원의 훈련 인식 및 국민 공감대 형성을 위해 '전시 대비 종합 훈련'에서 '충무훈련'으로 명칭을 변경했다.

충무훈련

(1) 군사 작전 지원

군사 작전을 지원하기 위해 주요 자원을 동원하는 훈련으로 의사, 간호사, 기술자와 같이 지정된 기술 인력과 차량, 선박, 통신회선 등을 실제로 동원해서 임무와 역량을 점검한다.

(2) 주요 기간시설 긴급 복구

국가의 주요 기간시설을 복구하는 훈련으로 공항, 항만, 철도, 전력, 가스, 상수도 등의 기능이 마비됐을 때 신속하게 복구하는 훈련이다.

(3) 복합재난 대비

전시나 평시에 발생할 수 있는 복합재난에 대비한 훈련으로 대형 건물 붕괴, 지하철 가스 테러, 대형 화재 등 다양한 복합재난의 위협으로부터 국민의 안전을 책임질 수 있도록 하는 훈련이다.

(4) 생활안정 도모

비상사태 발생 시 극도의 혼란과 범죄, 사재기, 무질서 등을 최소화하기 위해 민심 안정 홍보, 생필품 배급 및 구호 활동 등을 통해 국민생활을 안정시키기 위한 훈련이다.

충무훈련 기간에는 국민들 역시 기술 인력, 차량, 건설 기계 등 동원 자원 분야에서 훈련 통지서를 받으면 지정된 날짜에 해당 장소에 가서 적극적으로 동참하고 훈련에 참여하거나 참관해야 한단다.

군사 작전부터 국민생활 안정까지 있다니! 충무훈련을 왜 종합 훈련이라고 하는지 알 것 같아요.

삼촌, 이렇게 다양한 훈련이 시작되고 점차 체계를 갖춰가게 된 이유가 있나요?

이유는 다양하겠지만 아무래도 가장 큰 이유는 한국전쟁으로 인한 피해를 직접 겪어 봤기 때문일 거야.

한국전쟁이라면 흔히 말하는 6.25 전쟁을 말씀하시는 거죠?

그래. 너희들 중에 한국전쟁에 대해 모르는 사람은 없겠지?

한국전쟁은 조선민주주의인민공화국이 대한민국을 침공하면서 발발한 전쟁이야.

한국전쟁

조선민주주의인민공화국 김일성은 1950년 6월 25일 새벽, 동해안 연선 등 11개소에서 경계를 넘어 38선 이남으로 진격했다. 조선인민군의 공세에 유엔은 더글러스 맥아더를 총 사령관으로 하는 연합군을 파병했다. 맥아더 장군의 인천상륙작전을 시작으로 연합군은 대대적인 반격을 개시했고, 이후 전쟁은 3년간 지속됐다. 이 전쟁으로 수많은 군인과 민간인이 사상했고 대부분의 산업시설들이 파괴되는 등 양측 모두 큰 피해를 입었다. 뿐만 아니라 이념적 이유로 민간인 학살과 보복이 반복되면서 남북 갈등의 골은 깊어졌다. 1953년 7월 27일 남과 북은 한반도 군사분계선을 사이에 두고 휴전협정을 맺으면서 전쟁은 일단락됐다.

한국전쟁은 제2차 세계대전 이후 공산과 반공 양쪽 진영이 대립하면서 생긴 냉전적 갈등이 전쟁으로 폭발한 대표적인 사례란다. 휴전 이후 현재까지도 남북은 크고 작은 갈등으로 대립하고 있지.

같은 민족이 서로에게 총을 겨누고 싸웠다니 너무 참혹하고 안타까운 역사네요.

맞아요. 한국전쟁으로 생긴 군사분계선 때문에 이산가족도 굉장히 많다고 들었어요.

그래, 이산가족은 한국전쟁을 겪으면서 가장 많이 생겨났지. 남과 북이 급작스럽게 분단되면서 왕래가 힘들어졌고 그 길로 이산가족이 된 사례가 많아.

당시 전쟁이 막 끝난 우리나라는 대중매체라고 할 만한 것이 없었기 때문에 한 번 헤어지면 찾을 수 있는 방법이 사실상 없다고 봐야 했어.

민족의 비극 한국전쟁

1945년 일제 치하에서 해방된 뒤 미국과 소련은 각각 한반도의 남과 북에 일본군을 무장해제시킨다는 명목으로 주둔했다.

소련군에 비해 시간적인 여유가 없었던 미군은 소련군과 협상을 시작했고 이 협상의 결과로 38선이 만들어졌나. 1948년 남측은 미군의 영향으로 자유민주주의 세력이, 북측은 소련군의 영향으로 사회주의 세력이 장악했다.

남측의 지도자였던 김구, 김규식 등은 사회주의자들과 협상을 시도했으나 별 성과 없이 끝났다. 결국 1948년 남과

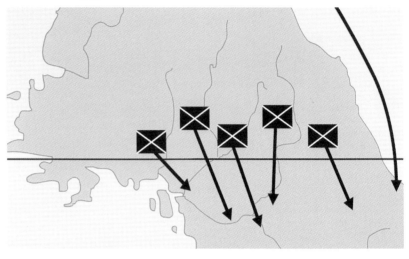

북이 각각 독립된 정권을 탄생시키며 남북한 정부가 수립됐다.

다음 해인 1949년 남한에서는 김구가 암살됐고, 중국과 군사동맹을 맺은 북한은 군사력이 강화됐다. 이후 소련의 무기 지원을 받은 북한은 38선 근처에서 여러 차례 교전을 벌였고, 1950년 6월 25일 북한 공산군이 38선을 넘어 남한을 공격하면서 한국전쟁이 발발했다.

유엔은 북한을 침략국으로 규정하고 유엔군을 파병했으나 북한 공산군에 패배하며 고전을 면

치 못했다. 이후 맥아더 장군과 대규모 병력, 물자 등이 인천에 상륙하면서 전세가 역전되기 시작했다.

1953년까지 한국군과 유엔군, 중국과 북한 공산군의 치열한 전투가 계속됐고 성과 없는 전쟁이 고착화되자 1953년 7월 27일 판문점에서 휴전협정이 체결됐다.

3년 넘게 이어져 온

전쟁으로 약 450만 명의 인명 피해가 발생했고 20만 명의 전쟁 미망인과 10만 명의 전쟁 고아, 1,000만여 명의 이산가족이 생겼다.

/ 재난뉴스 기자

재난대처방법 비상대비

전시 국민행동요령 ❶ 공공 행동요령

☐ 밖으로 나오지 말고 방송을 통해 정부의 안내에 따라 행동한다.

☐ 가장 안전한 피난처는 자신의 집이므로 무단으로 집 밖을 나서 피난을 간다거나 사재기 등을 하지 않고 정부의 배급 실시에 적극적으로 협조한다.

☐ 군사 작전에 필요한 지원 목적 이외에는 차량 운행이 금지되므로 이동이 필요한 경우 대중교통을 이용한다.

☐ 평소 가정이나 직장 주변에 대피소나 비상 급수원 등이 어디에 있는지 확인하고 전쟁 발생 시 신속하게 지하 대피소로 대피한다.

전시 국민행동요령 ❷ 경보 식별 및 행동요령

1. 경보 종류 및 경보 방법

☐ 경계경보 : 적의 공격이 예상될 때 사이렌으로 1분 동안 평탄음을 울린 뒤 라디오나 TV, 마을에 있는 앰프 등을 이용해 경고 방송을 한다.

☐ 공습경고 : 적의 공습이 긴박하거나 공습 중일 때 사이렌으로 3분 동안 파상음을 울린 뒤 라디오나 TV, 마을에 있는 앰프 등을 이용해 경고 방송을 한다.

☐ 화생방 경보 : 적의 화생방 공격이 있거나 공격이 예상될 때 라디오나 TV, 마을에 있는 앰프 등을 이용해 경고 방송을 한다.

☐ 경보 해제 : 적의 공격 우려가 없을 때 라디오나 TV, 마을에 있는 앰프 등을 이용해 경고 방송을 한다.

2. 경계경보 시 행동요령

☐ 경보가 울리면 정부 안내 방송을 들으며 대피 준비를 한다.

☐ 대피 시에는 노약자나 어린이를 먼저 대피시키고 평소에 준비해 둔 비상용품 등을 대피소로 옮긴다.

☐ 석유와 가스통 등 화재 위험이 있는 물건들은 안전한 곳으로 옮기고 전기기기의 코드를 모두 뽑는다.

☐ 화생방 공격에 대비해 방독면 같은 개인 보호 장비를 점검한다.

전시 국민행동요령 ❸ 공습경보 시 행동요령

☐ 공습경보가 나면 지하 대피소와 같이 안전한 곳으로 신속하게 대피하고 고층 건물에 거주하는 경우 지하실이나 아래층으로 대피한다.

☐ 화생방 공격에 대비해 방독면 등 개인 보호 장비를 갖추고 간단한 생필품을 가지고 대피한다.

☐ 차량을 운행 중인 경우 가까운 공터나 도로의 오른쪽에 차를 세우고 차 안의 사람을 밖으로 대피시킨다.

☐ 밤에는 불을 끈 채로 있어야 하지만 부득이하게 불을 켜야 하는 경우에는 불빛이 밖으로 새어 나가지 않도록 주의한다.

☐ 대피 후 라디오나 TV 등의 매체에서 나오는 방송을 계속 들으며 정부의 안내에 따라 행동한다.

전시 국민행동요령 ❹ 화생방경보 시 행동요령 I

1. 화학 공격 발생 시

☐ 가장 먼저 방독면을 착용하고 화학 공격 경보를 알린 뒤 개인 보호 장비를 착용한다.

☐ 보호 장비가 없는 경우에는 수건이나 옷가지로 코와 입을 막고 비옷, 비닐 등으로 몸을 가린 후 오염된 지역을 신속하게 벗어난다.

☐ 야외에서는 고층이나 고지대와 같은 높은 곳으로 대피하고 건물 안에 있는 경우에는 창문을 닫고 외부 공기가 안으로 들어오지 않도록 틈을 막는다.

☐ 화학 공격이 끝난 뒤에도 안내 방송을 계속 들으며 해제 지시가 있을 때까지는 보호 장비를 계속 착용한다.

2. 생물학 공격 발생 시

☐ 개인위생을 철저히 하고 예방접종을 한다.

☐ 가장 먼저 방독면을 착용하고 생물학 공격 경보를 알린 뒤 공기 중에 피부가 노출되지 않도록 옷으로 완전히 가린다.

☐ 해충에 물리지 않도록 유의하고 물은 반드시 15분 이상 끓여 마셔야 하며 오염되지 않은 음식물만 섭취한다.

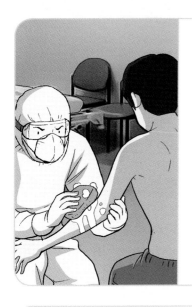

전시 국민행동요령 ❹ 화생방경보 시 행동요령 Ⅱ

3. 핵 공격 발생 시

☐ 핵 공격이 예상되면 가장 안전한 방법은 지하 대피소로 신속하게 대피하는 것이다.

☐ 지하 대피소로 대피하기 어려운 경우 웅덩이, 담벼락 등의 엄폐물을 이용해 핵 공격 반대 방향으로 엎드린 뒤 눈과 귀를 막은 채 핵폭풍이 완전히 멈출 때까지 기다린다.

☐ 낙진이나 방사능 유출이 예상되는 경우 방독면과 긴 옷으로 몸을 가린 뒤 외부 활동을 하지 않는다.

☐ 정부의 안내에 따라 신속하게 오염 지역을 벗어난 뒤 입었던 옷은 갈아입고 몸을 깨끗하게 씻는다.

전시 국민행동요령 ❺ 피해 응급복구 요령

1. 인명 구조와 소화활동

☐ 민방위 대원은 민방위 대장 지시에 따라 긴급 구조와 소화활동을 한다.

☐ 화재가 발생하면 소방차가 도착하기 전까지 각 가정이나 직장에 있는 장비를 활용해 소화 작업 및 인명 구조 작업을 돕는다.

☐ 부상 정도나 위험 정도에 따라 우선순위를 정해 침착하게 구조한다.

☐ 화생방 공격의 경우 오염된 환자는 오염되지 않은 지역으로 신속하게 옮기고 옷을 벗겨 오염된 피부를 깨끗하게 씻어 준다.

2. 응급 복구 요령

☐ 민방위 대장 또는 통장, 이장은 각 지역 파출소나 읍, 면, 동사무소에 사실을 빨리 알리고 모든 민방위 대원은 복구 활동에 우선적으로 참여한다.

☐ 피해 현장에 차량과 사람의 접근을 통제하고 폭발 위험이 있는 위험물은 우선적으로 제거한다.

☐ 각자 가지고 있는 도구와 물자 등을 활용, 응급 복구 작업을 신속하게 해 피해를 최소화한다.

☐ 화생방 공격으로 오염된 장비와 시설은 깨끗하게 씻어 내고 폭발물 제거와 같이 특수 기술이 필요한 경우에는 관계 기관에 신고해 조치를 받는다.

재난지식 노트

다양한 군사 용어를 기억해요!

군사 용어 ☆ 꼭 기억하자!

[출처 : 국방부]

워치콘(WATCHCON)
Watch Condition
적의 군사 활동을 추적하는 정보 감시 태세.

 정보 감시 태세

 5단계

 전 지역

▶ 데프콘의 판단 근거. 북한의 군사 활동을 추적하는 정보 감시 태세로 평상시부터 전쟁 발발 직전까지 5 단계로 나눠서 발령한다. 1981년부터 운용되기 시작했으며 평상시에는 4단계를 유지하지만 상황이 긴박해질 수록 낮은 숫자의 단계로 격상된다. 한국과 미국 정보 당국 간의 합의에 따라 격상 발령이 결정된다. 단계가 격상될수록 정보 수집 수단이 보강되고 정보 분석 요원도 늘어난다.

워치콘 5	적으로부터 위협적인 징후 경보가 없는 일상적 상황.	
워치콘 4	잠재적인 위협이 존재하며 지속적인 감시가 필요한 상황.	
워치콘 3	위협이 점증하고 있고 특정 공격 징후가 포착된 상황.	
워치콘 2	적으로부터 제한적인 공격이 발생하고 국익에 위험이 초래될 징후가 보이는 상황. 첩보 위성과 정찰기 가동 등 다양한 감시 및 정보 분석 활동이 강화된다.	
워치콘 1	적의 도발이 명백한 상황.	

데프콘(DEFCON)

Defense Readiness Condition
적의 공격에 대비하는 조직적이고 체계적인
방어 준비 태세.

방어 준비 태세

5단계

전 지역

▶ 정규전에 대비해 발령하는 전투 준비 태세로 5단계로 나눠진다. 워치콘 발령 상태에 따라 격상을 검토하지만 워치콘과 직접 연동하지는 않는다. 우리나라는 북한과의 관계 때문에 평상시 '데프콘 4'가 유지되다 '데프콘 3'으로 격상되면 한국군이 가진 전작권이 한미연합사로 넘어간다. '데프콘 3'은 전군 휴가 및 외출 금지, '데프콘 2'는 개인에 탄약 지급 및 부대편제 인원 100 % 충원, '데프콘 1'이 되면 전시 체제로 돌입한다.

데프콘 5	**페이드 아웃(Fade Out)** 적의 위협이 없고 군사적 대립이 없는 안전한 상태. 훈련 용어로는 Fade Out(장막이 거두어지다)라고 한다.	
데프콘 4	**더블 테이크(Double Take)** 적과 대립하고 있으나 군사 개입 가능성이 낮은 상태로 분쟁 지역에서의 평시 상태에 발령된다. 훈련 용어로는 Double Take(대비한다)라 하며 '양쪽 진영이 서로 자리를 잡는다'는 뜻이다. 한국전쟁 휴전 후 데프콘 4를 유지하고 있다.	
데프콘 3	**라운드 하우스(Round House)** 군사적으로 중대하고 불리한 영향을 초래할 수 있으며 적의 도발이 우려되는 상황에 발령된다. 한미연합사에 작전권이 이양되며 전군의 휴가와 외출이 금지된다. 또 부대에서 즉시 이동할 수 있도록 준비하고 대기 태세를 취한다. (1976년 8월 판문점 도끼만행 사건, 1983년 아웅산 테러)	
데프콘 2	**패스트 페이스(Fast Pace)** 적의 공격 준비 태세 움직임이 강화되는 상태로 전쟁 징후가 포착될 때 발령된다. 예비군을 소집하고 전군에 탄약이 지급되며 전쟁 준비가 완료된 상황을 말한다.	
데프콘 1	**콕트 피스톨(Cocked pistol)** 전쟁이 임박한 상태로 전쟁 수행을 위한 준비가 요구되는 상황을 말한다. 사실상 전쟁을 의미하고 본격적으로 전시 태세에 들어간다. 훈련 용어로는 Cocked pistol(콕트 피스톨), '권총을 장전한다'라는 뜻으로 바로 발사할 준비가 됐다는 걸 말한다.	

충무(忠武)
정부에서 전쟁의 전면전을 대비하는 전쟁 준비 태세.

방어 준비 태세

3단계

전 지역

▶ 전쟁의 전면전을 대비해 정부에서 전쟁 준비 태세를 발령하는 것을 말한다. 데프콘과 동일한 국가 비상 사태 경보이고 충무 3종부터 1종까지 3종류가 있다. 이 충무 3~1종은 데프콘 3~1과 같은 성격의 경보로, 충무는 국방장관의 건의로 대통령이 선포하는 전쟁 준비 태세이고 데프콘은 한미연합사에서 발령하는 전투 준비 태세다.

충무 3종

전면전이 될 가능성이 있는 위기 상황
공무원이 비상 소집돼 10개조 중 1개조가 상주한다. 국방부장관 및 병무청장의 명령으로 병력 동원 소집과 전시 근로 소집이 가능하지만 실제로 이 단계에서 전 예비군 동원 소집령이 발령되지는 않는다. 그렇지만 국지 도발 사태에 대비해 예비군 부분 동원을 하는 법안 제정을 추진하고 있다.

충무 2종

적의 전쟁 도발 위협이 증가하는 위기 상황
국가가 전쟁에 돌입하는 단계로 사실상 전시 체제다. 각 기관은 본정을 소개하고 충무시설로 이동한다. 공무원은 연가가 금지되며 비상소집도 5개조 중 2개조가 상주하고 예비군 부분 동원도 전면 동원으로 확대 실시된다.

충무 1종

전쟁이 임박한 위기 상황
전쟁이 임박한 상황으로 국가총력전 단계를 말하며 공무원이 전원 소집되는데 3개조 중 3개조가 상주한다.

진돗개

적의 국지적 침투 및 도발이 예상될 경우 민군 통합 방위 작전을 준비하기 위해 발령하는 경계 및 전투 태세.

경계 · 전투 태세

3단계

일부 지역

▶ 간첩이나 무장공비, 공작원 등 국가의 안보에 위협이 되는 대상의 침입이 발생하거나 국지적 위협 상황이 발생했을 때 발령하는 단계별 경보 조치다. 평상시에는 3등급을 유지하고 숫자가 낮을수록 상황이 심각하다는 것을 뜻한다. 단계별 상황에 따라 실제 작전이 전개되는 곳은 '진돗개 하나', 그 주변 지역은 '진돗개 둘'을 발령해서 추가 침투와 도주를 차단한다.

진돗개 셋	군사적 긴장은 있으나 침투 및 도발 가능성이 낮은 평시 상태의 단계.	
진돗개 둘	적의 침투와 도발이 예상되거나 적과 인접한 지역에서 적의 침투 및 도발 상황이 발생한 상태로 경계 태세를 강화하고 출동 태세를 완비하는 단계. (1996년 9월 강릉 무장공비 사태)	
진돗개 하나	적의 침투나 도발 징후가 확실하고 특정 지역에서 침투와 도발 상황이 발생할 때, 경찰과 군, 예비군이 지정 지역 수색 및 전투 태세에 돌입하는 단계.	

인포콘(INFOCON)

Information Operations Condition
정보체계에 대한 적의 침투 및 공격에 대처
하기 위한 군 사이버 방호 태세.

정보 작전 방호 태세

5단계

사이버 공간

▶ 비상 경계령의 일종으로 국방 정보 및 정보 체계에 대한 적의 침투가 예상되거나 공격이 있을 때 효율적으로 대처하기 위한 정보 작전 방호 태세다. 총 5단계로 구분된 인포콘은 2001년부터 운용하고 있으며 정보전의 징후가 감지되면 합참의장이 단계적으로 인포콘을 발령한다.

인포콘 5 **(정상)**	평시 준비 태세로 통상적인 정보 보호 활동이 보장되는 일상적인 상황.	
인포콘 4 **(알파)**	증가된 준비 태세로 일반적인 위협으로 판단되는 징후를 포착하거나 국가 사이버 위기 '관심 경보'가 발령된 상황.	
인포콘 3 **(브라보)**	향상된 준비 태세로 우리군의 정보 체계에 대한 공격 징후를 포착하거나 국가 사이버 위기 '주의 경보'가 발령된 상황. (2013년 3월 방송사, 은행 전산 마비 사태)	
인포콘 2 **(찰리)**	강화된 준비 태세로 우리 군의 정보 체계에 대한 제한적인 공격이 있거나 국가 사이버 위기 '경계 경보'가 발령된 상황.	
인포콘 1 **(델타)**	최상의 준비 태세로 우리 군의 정보 체계에 대한 전면적인 공격이 있거나 국가 사이버 위기 '심각 경보'가 발령된 상황.	

탄도미사일(Ballistic Missile)이란?

이름처럼 대기권 위로 높게 올라갔다가 포물선을 그리며 관성으로 낙하해 목표를 타격하는 미사일.

사정거리에 따른 탄도미사일 분류

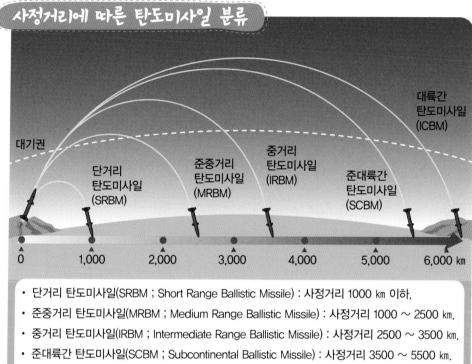

- 단거리 탄도미사일(SRBM ; Short Range Ballistic Missile) : 사정거리 1000 ㎞ 이하.
- 준중거리 탄도미사일(MRBM ; Medium Range Ballistic Missile) : 사정거리 1000 ～ 2500 ㎞.
- 중거리 탄도미사일(IRBM ; Intermediate Range Ballistic Missile) : 사정거리 2500 ～ 3500 ㎞.
- 준대륙간 탄도미사일(SCBM ; Subcontinental Ballistic Missile) : 사정거리 3500 ～ 5500 ㎞.
- 대륙간 탄도미사일(ICBM ; Intercontinental Ballistic Missile) : 사정거리 5500 ㎞ 이상.

[출처 : '우주선과 로켓' 美학회지, 위키백과]

북한 미사일 사거리

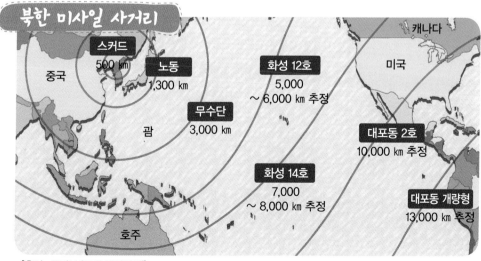

[출처 : 국방부 '2016 국방백서']

참고 자료

문헌

송창영, 〈재난안전 A to Z〉(기문당, 2014)
서울특별시〈우리 아이를 위한 생활 속 환경호르몬 예방 관리〉(2015년)
서울특별시 도시안전실 도시안전과〈생활안전길라잡이〉(2012)

관련 홈페이지

행정안전부(http://www.mois.go.kr)
한국소비자원(http://www.kca.go.kr)
한국소비자원 어린이 안전넷(https://www.isafe.go.kr)
국가법령정보센터(http://www.law.go.kr)
한수원 공식 블로그(https://blog.naver.com/i_love_khnp)
질병관리본부 국가건강정보포털(http://health.cdc.go.kr)
키즈현대(http://kids.hyundai.com)
식품의약품안전처(https://www.mfds.go.kr)
보건복지부(http://www.mohw.go.kr)
대한의학회(http://kams.or.kr)
미국 CPSC(소비자 제품 안전 위원회)(http://www.cpsc.gov)
통계청(http://kostat.go.kr)
중앙치매센터(https://www.nid.or.kr)
소방청 국가화재정보센터(http://www.nfds.go.kr)
한국전기안전공사(http://www.kesco.or.kr)
한국가스안전공사(https://www.kgs.or.kr)
산림청(http://www.forest.go.kr)
국제 암 연구기관(https://www.iarc.fr)
도로교통공단(https://www.koroad.or.kr/)
경찰청(http://www.police.go.kr)
서울교통공사(http://www.seoulmetro.co.kr)
국토교통부(http://www.molit.go.kr)
서울특별시(http://www.seoul.go.kr)
mecar(https://mecar.or.kr)
교육부(http://www.moe.go.kr)
과학기술정보통신부(https://www.msit.go.kr)
스마트쉼센터(http://iapc.or.kr)
해양환경공단(https://www.koem.or.kr)
문화체육관광부(http://www.mcst.go.kr)
스포츠안전재단(http://sportsafety.or.kr)

❶ 자연재난 편

❷ 사회재난 편 ⓢ

❸ 사회재난 편 ⓗ